FLEXFORM

MADE IN ITALY

上海　电话 021 6208 0110
成都　电话 028 85321950
深圳　电话 0755 2660 6036
杭州　电话 0571 8798 8195
北京　电话 010 8463 9723
重庆　电话 023 6790 0563
苏州　电话 0512 67261500

区域经销商拓展经理
Antonio Tien Loi
电话 +65 91865033
info@tienloi.it

30

74

IFDM
室内家具设计

年份 YEAR V
01
春/夏 Spring | Summer

主编 EDITOR-IN-CHIEF
Paolo Bleve
bleve@ifdm.it

出版协调 PUBLISHING COORDINATOR
Matteo De Bartolomeis
matteo@ifdm.it

总编辑 MANAGING EDITOR
Veronica Orsi
orsi@ifdm.it

项目经理
PROJECT AND FEATURE MANAGER
Alessandra Bergamini
contract@ifdm.it

合作商 COLLABORATORS
Alessandro Bignami, Manuela Di Mari,
Simona Marcora, Francisco Marea,
Antonella Mazzola

国际投稿
INTERNATIONAL CONTRIBUTORS
伦敦 London | Francesca Gugliotta
洛杉矶 Los Angeles | Jessica Ritz
纽约 New York | Anna Casotti

网页编辑 WEB EDITOR
redazione@ifdm.it

数字部门 DIGITAL DEPARTMENT
Federica Riccardi | web@ifdm.it

公关经理&市场经理
PR & MARKETING MANAGER
Marta Ballabio | marketing@ifdm.it

品牌公关 BRAND RELATIONS
Annalisa Invernizzi | annalisa@ifdm.it

设计部 GRAPHIC DEPARTMENT
Sara Battistutta, Marco Parisi
grafica@ifdm.it

翻译 TRANSLATIONS
Cesanamedia - Shanghai
Stephen Piccolo - Italy

广告 ADVERTISING
Marble/ADV
Tel. +39 0362 551455 - info@ifdm.it

版权与出版商 OWNER AND PUBLISHER
Marble srl

总部 HEAD OFFICE & ADMINISTRATION
Via Milano, 39 - 20821 - Meda, Italy
Tel. +39 0362 551455 - www.ifdm.design

蒙扎法院授权 213号 2018.1.16

保持联系
Let's keep in touch!

ifdmdesign

90

130

IFDM
室内家具设计

年份 YEAR V

01

春/夏 Spring | Summer

图书在版编目（CIP）数据

室内家具设计：工程与酒店. 2020
春夏 /（哥伦）卡洛斯·加西亚
编.—— 沈阳：辽宁科学技术出版
社，2020.6
ISBN 978-7-5591-1587-4

Ⅰ.①室… Ⅱ.①I… Ⅲ.①居室-
家具- 设计
Ⅳ.①TS664.01

中国版本图书馆CIP数据核字
（2020）第068114号

出版发行：辽宁科学技术出版社
（地址：沈阳市和平区十一纬路25 号
邮编：110003）
印 刷 者：北京联合互通彩色印刷
有限公司
经 销 者：各地新华书店
幅面尺寸：225mm×260mm
印 张：12
插 页：4
字 数：300 千字
出版时间：2020 年 6 月第1版
印刷时间：2020 年 6 月第1次印刷
责任编辑：杜丙旭 关木子
封面设计：关木子
版式设计：关木子
责任校对：周 文
书 号：ISBN 978-7-5591-1587-4
定 价：RMB 160.00 元
联系电话：024-23280070
邮购热线：024-23284502
E-mail: designmedia@foxmail.com
http://www.lnkj.com.cn

HOME PHILOSOPHY

visionnaire

只为远见卓识的你们

Yoomni 准备参加派对, 阿科那提别墅下午7时
Babylon 起居室 *Alessandro La Spada* 设计
Marty 矮桌 *Marco Piva* 设计

伟大的奇迹 （**Wonder**）

在 IFDM珍藏版问世的第五个年头里，它以全新的面貌与读者见面，而它那独特的"奇迹"个性也已成为这一出版物的主角。对于我们IFDM人而言，这意味着对过去几年中我们存在的意义的认可：从2016年3月第一期开始，因设计而美丽即代表了《合同和酒店手册》（Contract & Hospitality）的指导思想。360度无死角的美，既是美学也是概念。我们所专注的项目传递着和谐美，或不可见，但却一定能够让人感受得到。在第九期即将问世之际，封面所展示的美被认为是重塑品牌的重要因素，或者更准确地说，进一步强化了《奇迹——工程和酒店收藏》（Wonder–Projects&Hospitality Collection）这一名称。对于IFDM来说，"奇迹"意味着室内设计、整体设计、建筑和家具生产等方面的最佳选择。奇迹能够给读者打下最深刻的烙印，也能够给读者带来最大的愉悦。本期囊括众多国际知名的建筑和室内设计人才，如丹麦的3XN建筑设计事务所，以色列Baranowitz+Kronenberg建筑师事务所，丹麦比雅克·英厄尔斯建筑师事务所（BIG Bjarke Ingels），已经仙逝的澳大利亚设计师科瑞·希尔（Kerry Hill），美国设计师彼得·马里诺（Peter Marino），法国设计师让·努维尔（Jean Nouvel），意大利伦佐·皮亚诺建筑工作室（Renzo Piano Building Workshop），美国Stonehill Taylor建筑师事务所，挪威斯诺赫塔建筑事务所(Snøhetta)，比利时设计师文森特·凡·杜伊森（Vincent Van Duysen）以及Waterrom设计工作室等，星光熠熠，夺人魂魄。《奇迹》中的每个项目都值得去深入探索其隐藏在外、在形象后的潜在因素，只有这样，才能够更好地了解其声名鹊起的原因，捕捉到难得的机遇。与此同时，我们一直与色彩研究中心科莱恩ColorWorks保持良好的合作关系。书中的前两个色彩设计故事涉及的技术、人际关系、伦理和美学的主题在以前也探讨过，但同时还涉足让人惊喜的社会学和神经科学领域的研究。这可谓证明了这样一个事实：趋势就是趋势，不会轻易改变，而因为技术和用户因素导致的变化，则需要我们不断地去监控，去理解。

PAOLO BLEVE
主编 Editor-in-Chief

⬆ ARMANI / CASA

Milan, Paris, London, New York, Los Angeles, Miami, Dubai, Shanghai, Beijing, Tokyo

中国新设计，溯古谱传奇

艾丹·沃克是"设计上海"和"设计中国北京"论坛的项目总监。他的最新著作《建筑中的家具》（Furniture in Architecture）将于2020年9月付梓。

2014年，当我们第一次将"设计上海（Design Shanghai）"带到中国时，一方面是因为已经对中国国内设计市场进行多年的研究和探索，另一方面也是为了与一个我们认知不足的复杂世界建立有效关系，同时也是因为我们认为时机已经成熟，未来可期。全球管理咨询公司麦肯锡（McKinsey）2006年发布关于中国城市中产阶级增长报告时预测："到2011年前后，中国中下层人口将达到约2.9亿人……约占城市人口的44%……但在接下来的十年里……数亿人将加入中产阶级。到2025年，这部分人口将达到5.2亿人，超过中国预期城市人口的一半。而国民可支配总收入将达到13.3万亿元人民币。"这个数字距离2万亿美元仅差11亿美元，这简直令人难以置信。仅唯于此，凡人也都可以预知到中国市场对家具设施、灯光照明、表面覆盖和室内设计配件等方面的需求。这就是我们为什么把"设计上海"带到上海的原因。这座城市也是名义上中国建筑和设计界的中心，拥有一批已享有全球影响力的设计师。2013年，"中国制造"这个词仍然是制造业的标志，给人的联想就是制造质量差的非原创设计。但在过去的六七年间，我却见证一个"全新的"本土设计行业和设计专业正以令人眼花缭乱的速度和信心扎根、成长、成熟、繁荣，这简直让人激动不已。我们在"设计上海"第一年的主题是"中国设计"，这是我们大力提倡的理念，旨在让全球认识到这一变化的速度和真实性。在"设计上海"的"早期"——当然我并不是说2014年之前中国就没有设计这回事——原创作品仍在借鉴西方的美学思想。当然，家具和室内设计对美的渴求，以及一个民族建筑确认寻求自身身份的历程，都或多或少存在西方的"交流互鉴"特征。比如今天，仍然有许多中国设计师和建筑师在西方学习培训。但每年我都能够欣喜地看到，特别是年轻一代的新兴设计师，他们决心超越战后的审美荒原，将中国伟大而古老的工艺传统、优雅高尚和宁静之"道"融入到自己的作品中。中国设计现在正展示出领导世界的能力和渴望，而不仅仅是满足在欧美国家中扎根立足。在中国，新一轮的城市化浪潮产生了前所未有的需求和前所未有的环境挑战，中国可持续设计的独创性、真实性和有效性已经让世界刮目相看。在2020年4月撰写本文时，冠状病毒在中国已经渐行渐远，我此时可以看到一种新的认识，那就是设计有助于创造更美好、更公共和更关爱的世界。"道"所体现的节俭、慈悲、谦卑再度崛起；而设计之"道"愈盛，我们对未来就愈怀希望，愈加乐观。

AIDAN WALKER

精彩照片 WONDER. 威尼斯CASA DEI TRE OCI｜水手.圣劳伦佐造船厂内的航行（'NAVIGANTI. A VOYAGE INSIDE THE SANLORENZO SHIPYARDS'）

2019年威尼斯艺术双年展（Venice Art Biennale 2019）展出了西尔瓦诺·普佩拉在拉斯佩齐亚(La Spezia)总部拍摄的30幅黑白照片，讲述了造船厂工艺与技术的结合。这也宣告即将于2020年6月出版的全新

© Silvano Pupella

弗吉尼亚美术博物馆推出的"爱德华·霍普与美国旅馆"主题活动持续到2020年2月23日。作为展览的一部分，霍普最著名的绘画作品《西部旅馆（Western Motel）》被打造成立体汽车旅馆空间，让参观者有机会"踏入"这位名画家的作品中进行体验。

西部旅馆（1957年），爱德华·霍普（美国，1882-1967），油画。纽黑文耶鲁大学美术馆，史蒂芬·克拉克遗赠（Stephen C. Clark），文学学士（1903年），版权归纽约艺术家权利协会（ARS）约瑟芬·N·霍珀的继承人所有（2019年）

图片来源：弗吉尼亚美术博物馆霍普旅馆体验室，版权归弗吉尼亚美术博物馆特拉维斯·富尔顿（Travis Fullerton）所有，2019年10月

这对来自意大利的设计师组合在最新的作品中通过照亮、取悦、改变和扭曲等手法诠释了透明的力量。Googie 灯无论是作为单一作品还是在多个单元组合中都表现得非常出色。

FLOYD–HI, FLOYD TABLE.
WWW.LIVINGDIVANI.IT

LIVING
DIVANI

处于色彩中间的人

科莱恩发布ColorForward®的趋势分析和色彩设计所反映出的态势为人们在2021年的关系和行为世界定下基调。

2021年的调色板将是道迷人的暖色彩虹，既有黄色和橙色空间，也有深蓝色和浓郁的紫罗兰色。这与2020年占主导地位的基调相去甚远。2020年度的色调更冷峻，强势，就自身和塑造未来的创新和技术而言，更充满冲突，追求平衡。科莱恩色母粒有限公司 (Masterbatches of Clari-

ant) 的设计和技术中心团队，科莱恩旗下色彩研究中心ColorWorks®以及在巴西圣保罗、美国芝加哥、意大利梅拉泰和新加坡4个分部的专家们通过研究得出的结论认为，新兴的社会运动与决定色彩趋势的色彩之间具有密切的联系。通过识别社会上主流的创新和变化，全球趋势被分为四个宏观主题。这是由20种色彩，而每5种色彩构成一块代表某种趋势主题的调色板。2016年以来，这项研究一直由科莱恩发布ColorForward®（颜色预测指南）对来年的颜色趋势进行预测公布。从科莱恩ColorWorks®的研究中可以看出，人类行为、个人关系、态度和情绪的中心作用为明年的全球趋势创造出一条红线：因此结论是暖色调将开始风行。第一个趋势是愚笨麻木（Dumb numb），意为对屏幕和数字设备的日益依赖，这使得人与人之间的直接接触变得越来越稀缺；第二个趋势是看见真相（C-True），体现了社会对信息和品牌的不信任，同时也体现了对真实性和透明度的需求日益增长；第三个趋势是感召力（Sense appeal），这种趋势关乎神经美学，也是对个人审美偏好的全新注释。最后也是第四个趋势是乌班图（Ubuntu）。乌班图在祖鲁语中的意思是"我是，因为我们是"，反映出协作智能和集体意识。但从外延上看，趋势远非此四项可以完全涵盖。它们的起源和各自的色彩效果也是如此。科莱恩ColorWorks®高级设计师兼ColorForward®团队负责人朱迪思·范弗利特（Judith van Vliet）在这两个关于酒店和工程的年度出版物专访中对此进行了介绍，揭示出2021年的色彩趋势。

. . . .
作者 Author: Veronica Orsi

Poliform

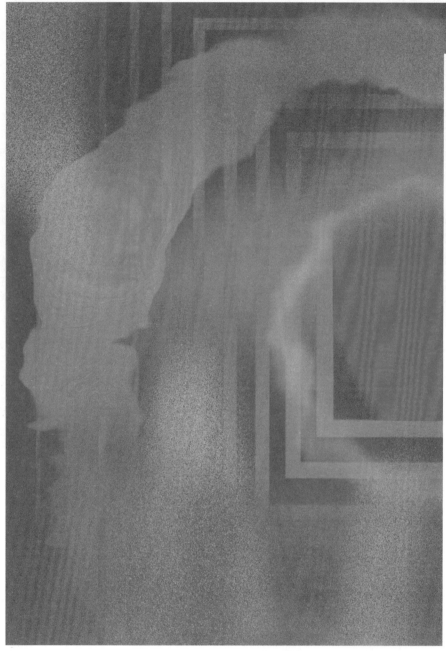

第一篇 FIRST STORY. 愚笨的麻木

全球超过三分之二的人口拥有某种屏幕设备；91%的人只要出门都会带着它，46%的人认为离开它他们将无法生活。事实上我们已经成为"屏幕奴隶"！这种设备时刻伴随着我们，捕捉每一个时刻，每一个经历或事件。无论是博物馆还是音乐会，人们对智能手机的依赖性越来越严重，甚至于迫使许多场馆禁止在活动期间使用智能手机。讽刺的是，科学研究表明，当我们用手机记录这些事件时，我们往往记不住它们！当前，年轻人使用屏幕的频率最高：青年们为了娱乐，每天花8.7个小时盯着屏幕，他们当中还有60%将屏幕设备用于日常教育活动，对于少年来说，这一比例是27%。而就在4年前，这一数字分别为29%和11%。然而，当前人们接触屏幕的年龄趋向于更加小龄化，从认知角度看，这也预示着非常高的风险：根据国家卫生研究所（National Institute of Health）的数据，每天在屏幕前呆两个小时，幼儿思维和语言能力会下降，如果每天超过七个小时，幼儿则可能会遭受大脑皮层过早变薄的困扰。在成年人中，盯着屏幕的时间和抑郁之间存在相关性。就连智能手机的存在似乎也会引起注意力的显著下降。自相矛盾的是，这些警报信号最初恰恰来自硅谷（Silicon Valley）。在这里，科技巨头塑造行业未来，而也是在这里，最富有的家庭阻止孩子接触屏幕，甚至在与保姆签订的合同中也说明这一点。直到几年前，人们还普遍认为因为技术可以提供更多的信息，所以获得技术是种特权，因此对技术在工作和教育方面也产生更大的期望，然而今天，我们看到了一个完全相反的数字：与富裕家庭相比，低收入家庭使用带屏幕产品的时间更长，而富裕家庭则试图在科技与我们日益紧密的生活中避免使用这种技术。这就导致人类的参与变成奢侈品（有概念将其总结为"人类参与的奢侈化"），而最真实的奢侈就是去和大自然接触，远离超链接，也就是脱离网络；这也将成为一种新的受追捧的地位象征。该趋势的色彩都与关键概念有关。从愚笨化（Stupidify）开始，这个词指的是屏幕占用人类过多时间的负面影响，以明亮的粉红色为代表，隐喻简单和肤浅。金色奖券（Golden Ticket）的金色表明了谨慎、精致，象征着可以远离网络，并享受与人接触这种豪华体验的精英人士。"嘿！怎么了？（Ciaokefai?）"或"怎么了（Whassup?）"以明艳的红橙色显现，该词源于意大利青年俚语，象征着友谊和人际交往。没有WI-FI（No WI-FI）：正如其名，是一种柔软细腻的绿色，改变了屏幕的冷淡，指向远离技术和辐射的最真实的体验，这也反过来决定了"为什么用Wifi？（Why-FI?）"的灰色，这种颜色加问号实际想表述：我们真的需要一直保持联系吗？

美学

"愚笨化"

"金色奖券"

"嘿！怎么了？"

"没有WI-FI"

"为什么用Wifi?"

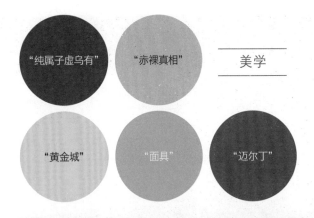

第二篇 SECOND STORY. 看见真相（C-TRUE）

我们生活在一个真实的时代，无论是人还是周围事物，社会都会要求透明和真相。我们在领导者中寻找真相，在所关注的社交网络上的名人中寻求真相，也在购买的产品和生产这些产品的品牌中寻找真相。照片墙（Instagram）的影响力正在减弱并非巧合：3年前，影响者（influencer)帖子参与率为4%；2019年，这一数字降至2.4%。下降近50%，这与用户对虚假档案和广告越来越不信任有关。这一趋势促使联合利华（Unilever）和家乐氏（Kellogg's）等跨国公司摒除影响者营销。麦肯锡（McKinsey）最新公布的一项关于消费者行为的研究显示，70%的被调查人倾向于从他们认为合乎道德的公司购买产品，而在X一代中，80%的人永远不会从卷入丑闻的品牌中购买任何东西。但是，我们如何了解一个品牌是否真正值得信赖呢？通常情况下，唤醒式洗礼和真实性之间的界限是模糊的，很难解释。比如可口可乐去年夏天在荷兰和比利时发起一场宣传环保回收意识的运动，口号是"如果你不想帮助我们回收，那么请不要购买可口可乐"。喜力墨西哥公司去年利用当地品牌特卡特（Tecate）啤酒发起一场妇女运动，口号是"如果你不尊重妇女，我们就不希望你喝我们的啤酒"，但这直接导致更多人要求帮助国有住房网络，使得这一网络的收入增加了75%。消除消费者对品牌道德真实性疑虑的最好方法是依靠区块链等技术，这些技术可以保证包括供应链在内所有生产点的完全透明。IBM创建的跨行业供应链追踪平台TrustChain即是这一方面的例证，这是全球珠宝行业第一个使用区块链技术追踪钻石来源的合作。这种不信任也扩大到大公司及其在数据和信息领域的渠道——这些渠道多年来一直由谷歌、脸书（Facebook）、亚马逊等巨头控制（只需考虑深度欺诈现象，然后再考虑打击近期制造的虚假新闻的系统）。进而促进向去中心化Dweb分布式网络或分散式Web的发展，它们使用指向真实内容的链接，而不是指向单个服务器上的位置的链接；因此，数据可以驻留在多个位置，从而消除单方面控制，建立点对点的连续性，创建出微社区，从而提高数据的完整性。真正的、真实的产品和服务主题要求颜色变得更暗、更严肃，而光的感觉依赖于隧道尽头光线的色调。纯属子虚乌有（Pure False）唤起大理石的深邃与黑暗，一种深绿色、蓝色、白色、黑色和灰色的混合色调，表明假货市场仍在持续增长。赤裸真相（Naked Truth)和英国《金融时报》（Financial Times）的纸张颜色一样为经典的浅橙色，而该杂志被认为是如今为数不多的仍然坚持使命的报刊之一。黄金城（El Dorado）取自神话中的黄金之城，暖黄色提醒我们要清楚"并非闪光的都是金子"。面具（The Mask）借鉴了电影名称以及面具是假脸的概念，以明亮且明显是人造的绿色来揭露"漂绿"虚假的虚张声势。迈尔丁（Myrddin）的属性是完全积极的，它的名字来源于威尔士传说中的先知，他在面对谎言时变成疯子；因此调色板上添加了类似他的束腰外衣的蓝色，这种颜色在色彩心理学上意味着信任、忠诚和智慧。

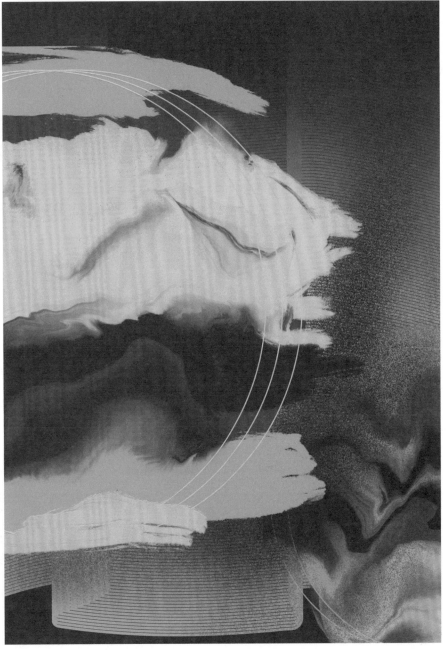

深度挖掘

亚历山德罗·芒格（**Alessandro Munge**）的作品结合了激情、叙事和灵魂，不受任何预设公式的羁绊。如果每个项目都是一个故事，那么设计师就是故事写手。

亚历山德罗·芒格诞生于意大利，后来在他所钟爱的加拿大多伦多生活和工作。他最初的设计经验来源于国际知名的美国雅布&普歇尔伯格（Yabu Pushelberg）建筑师事务所，之后他与同事梁振英（Sia Leung）联手成立设计工作室，并在和Ink Entertainment娱乐公司的创始人酒店业大亨贝查拉"查尔斯"·卡布斯（Bechara "Charles" Khabouth）合作后声名鹊起，从而开始长期执掌酒店领域的设计。自2015年以来，该公司转型为芒格工作室（Studio Munge）。在过去几年中，公司的佣金和规模都有所增长。"大约在3年前，我们的项目规模开始扩大，因此需要更多的时间，有时跨度需要3到5年。我认为从2020年到2023年之间，我们的业务会有更积极的拓展。"之后的寥寥几页，您将读到关于亚历山德罗·芒格个人和职业史的简要概括，可以看出他为了创造有灵魂的空间是如何展现他的创作激情和创作乐趣，如何运用分析和设计方法，如何看待地点和潜在客户以及如何深入挖掘背景。"我相信，客户让我们做项目就是在赐给我们礼物，因此充满激情地设计，尽可能地发挥创意，进而交付一个目标明确、理由充分的项目，是我们不可推卸的责任。"

作者: *Alessandra Bergamini*
肖像图片: *courtesy of Studio Munge*
项目图片: *Brandon Barré (Bisha), Maxime Brouillet (Bisha), Evan Dion (Nobu Residences), Norm Li (50 Scollard), Michael Stavaridis (The William Vale)*

我看过几段视频采访，感受到您的创作热情是实实在在的，请问您的创作和发明之道是什么？您又是如何协调设计中的激情和规范的？

我和我的工作室对每个项目都充满了设计的热情，我们总是尽力争取创造出最好的创意作品。我觉得客户把项目委托给我们实际上就是对我们的恩赐，所以我们有责任把项目做好，要充满激情，要有十分的创意，要有明确的目标，要充满理性；至少在芒格工作室我们就是这么做的！我刚从摩纳哥飞回来，我是去向一位客户介绍一艘叫作银海（Silversea）的豪华游轮的内饰。我不知道每天会有多少人在做这种工作，但这是个美丽的空间，我们可以发挥……至少我们可以把爱和激情交付给我们的客户。

看来您已经把多伦多的酒店和住宅的室内设计进行了重新定义。多伦多是个什么样的城市，近年来发展如何，您和它有什么关系？

我爱我们的城市！非常爱。人们喜欢这里，我也是。而且能够参与到城市建设中，真的是我的荣幸。我们更愿意吸引那些想在我们的城市中做些与众不同的事情的客户。他们想冒险，他们想在自己的领域内领先，他们想把多伦多重新打造成世界级水准。我们已经完成的设计和未来的设计都是我们城市中一些最令人期待的空间，我也希望继续把我的国际经验向前推进。这种搭配是完美的。多伦多是个具有多元文化的城市，所以为什么不以全球的心态来进行设计呢？因为多伦多凉爽宜居，而且和世界主要城市紧密相连，所以住宅市场不断增长，全球品牌酒店也纷纷进驻，它的增长速度确实令人刮目相看。

您和查尔斯·哈布思（Charles Khabouth）（夜总会和餐饮业大亨——译者注）的合作怎么样？

查尔斯和我非常要好。我并不把他看做是我的客户。他是个真正的朋友，可以说是他帮助了我的事业。当他打电话时，我立刻诚惶诚恐……尽管他会说我从不给他回电话（哈哈）。我们喜欢一起探讨新项目。我确信他在寻找新的项目，而且从不会放慢脚步，因为他实在太喜欢这个过程了。不管这个项目大还是小，他都像个小孩子一样充满了奇思妙想。他的目标就是要做到最好，给客户提供难忘的体验。这就是我们20多年来一直紧密合作的原因，也是我们如此团结一致的原因。虽然说我也推动他多年，但创建了他的第一个酒店和住宅项目真是我的幸运！在纳斯达克挂牌上市的碧莎（Bisha）酒店对查尔斯个人来说是个特别的地方。它包含了他对美丽事物、性感空间和多样性的全部热爱。经过我们的设计，酒店使客人能够享受世界级水准的旅行和酒店体验。酒店包括一个大堂吧，一个咖啡馆，还有阿基拉·贝克（Akira Back）主厨的米其林餐厅。屋顶游泳池和一家餐饮连接，当地人和游客可以登顶看风景。它已经成为一处旅游目的地和观光打卡点。其中有一层酒店套房我们委托兰尼·克拉维茨（Lenny Kravitz）工作室设计，由我们平衡房间类型。可以说，这是家令人兴奋的酒店，对于多伦多来说也是独一无二的。对于查尔斯来说，碧莎的表现上乘，让他痴狂，堪称他生命中的新篇章。现在是时候把它带到世界各地其他城市了。

在您的第一批项目作品中，您认为最重要的是哪一个项目？宽泛点说，无论是酒店项目还是设计其他项目，您秉承什么样的设计理念？

设计酒店时，我一直考虑的是特定的人，特定的群体。我会考虑地理位置、邻里关系、人、文化、客户、主厨、员工等，所有的一切都会考虑。我想让客人理解并感受到我们在项目中投入的激情、爱和要表达的思想。这就是我们的项目总是很特别的原因所在。我觉得我们的项目有灵魂。我总是不断告诉我的客户不能欺骗客人。他们实际上了解这个项目整体到底好还是不好。尽管他们可能不懂，但他们能够"感觉到"。我们的客户和客人总是告诉我们，尽管他们一点也不了解，但他们在我们的空间里确实"感到"特别。这种情绪化的反应不是能在照片中捕捉到的。人的行为只能通过人的能量在空间中感受。当我在我们设计的空间里看到人们脸庞的时候，我知道我们是对的。人不会说谎。你可以从人的面部表情或肢体语言中理解他们。那是装不出来的。这也是工作室的设计如此具有挑战性的原因。但这也是我们生活的目的。也是促使我每天都醒来的原因。芒格工作室没有程式化的东西。我们不停歇的工作。每个项目都应该拥有属于自己的故事。而我们的责任就是把它挖掘出来。

请问，有没有什么样的项目可以尽可能多的进行尝试？酒店或娱乐场所也能进行尝试吗？

我们的客户慕名前来是因为他们想打破酒店市场的边界。他们想突破限制、打破常规，给客人带来更好的体验。通常很难让品牌都能达到这个目标，但这一切从有客户那一天就开始了，从他们以新的方式探索酒店服务的意愿就开始了。我还认为现在人们有更多的选择，越来越难以预测。一般来说，酒店业必须不断发展，否则他们会失去客人。我发现人们想要旅行。他们想要目标。他们想要体验。他们想要铭记。仅仅为了漂亮的图案而进行设计是远远不够的。我们深入挖掘。我们努力了解品牌、历史、客人等等。然后，我们挑战自我。再然后，我们再进行深入挖掘。如果这一切都协调一致，魔力就会产生了。

您如何"控制"环境以及如何管理人与空间之间的关系？

我在我们的空间里和大家玩。听起来挺滑稽，但我能通过这种方法准确预测他们在我们的空间里会做什么。他们在我们特定区域的空间感受会是什么。我可以通过规划和设计来控制他们的体验。当我看到我的设计在发挥作用，也说明它达到了目的！

碧莎酒店（Bisha Hotel），多伦多，加拿大INK Entertainment娱乐和Lifetime Developments开发公司，加拿大Wallman Architects建筑师事务所，芒格工作室

议会街31号（31 Parliament Street），多伦多，Lanterra Developments开发公司，美国Arquitectonica建筑设计公司，芒格工作室

The William Vale酒店，纽约，Albo Liberis建筑师事务所，芒格工作室

一个"空间"是如何演变成一个真正的可以供人居住的"地方"的？除了设计空间外，是不是还涉及设计家具的问题？

如今我们设计这么多作品，是因为我们想创造一些新的前所未有的东西，而我们的国际项目确实让我们做到了这一点。当我们设计家具时，它让我们能够控制人们坐着的方式、人们体验空间的方式、人们相互交流的方式以及感受彼此能量的方式。我在一家新餐馆测试了这个理论。我们的客户租了一处超有挑战性的空间，天花板很低，所以我把所有的座位和桌子都降低了1英寸。他以为我疯了。我要他相信我，结果成功了！当我们把整个餐厅家具减掉一英寸的时候，竟然没有人感觉到，他们感觉到的仍然是舒适感。这一点从他们坐的方式中可以看到，真是太不可思议了。他们的身体在我们创作的作品中的表达方式真是让我喜欢！

您对奢侈品有什么看法？

啊，是这些天关于什么是奢侈品的百万美元问题……哈！首先，生活中唯一奢侈的东西就是"时间"。我们无法设计它。你也买不到。每个人都可以利用它，而我们必须利用好它。设计可以把时间和奢华结合在一起。

您能告诉我们贵公司的设计过程吗？我听说您使用故事板，就类似记事或拍电影那样，这是真的吗？

最近有人对我说我更像个导演，而不是一个典型的设计师。我沉思了一秒钟，然后我想明白了，他们说得对。我在我们的工作室里就是个导演。我不要求设计必须是什么。我指导，我分享经验，我告诉我的员工设计要有目的性，要找到"为什么"。即有空间的图像不能给你灵感，而是要通过你的设计图像去定义方向，要么是一个故事或一个叙述，要么是一个理由或者一个目的。办公室里总有故事板。到处都是固定的图像。但这不是为了让我们去模仿，而是为了我们受到启发，去推动设计，推动我们去设计一些独特的东西，特别的东西，去设计那种当人们处于我们的空间里时他们会理解的东西。这真的很特别，但有时会让我的员工感到沮丧。虽然如此，但我还是要激励他们。否则，这只是设计，而且也不会出彩。

您对设计不同领域的态度是什么？您将来想设计什么样的项目？

可以说，我真的很幸运，因为我设计的一直都是我想设计的项目。但我还没有看到天花板。我喜欢设计。最近，有个客户希望我们能够设计一座40层塔楼的外壳。这在以前我们可是完全没有想到过！我们与许多知名家具和品牌配件建立了合作关系，这非常令人激动。我的大脑也以一种特殊的方式工作，50%的大脑思考设计，另50%考虑生意。这都是从我妈妈那儿遗传来的。所以，当我对合作感到兴奋的时候，我渴望更多……关注！

多伦多Nobu Residences公寓,
Teeple Architects建筑师事务所,
芒格工作室

50 Scollard公寓，Lanterra Developments 开发公司，英国福斯特及合伙人建筑设计 事务所（Foster + Partners），芒格工作室

您的设计具有意大利风格吗？

对！导演设计的那个家伙……他是意大利人，哈哈！ 我觉得材料和质地的层次感有一定的意大利范儿，但 真的很难说。我们生活在这美丽的世界，美丽的文 化、乡土和人民给我很大的影响和鼓舞。我们都很幸 运能生活在这样一个激动人心的时代。我只想在设计 界产生一定的影响，去积极地影响人们的生活。对于 那些和我一起行走在设计道路上的人而言，我只是希 望给予他们一点我所知道的。

您介绍一下快完工的项目或处于设计阶段的项目吧！

现在有很多事情要做。我们的项目规模在3年前就扩 大了，因此需要更多的时间，有时需要3到5年。我 认为从2020年到2023年这一段时间我们的业务会发 展得更好。这些年会有更多的设计要去做，这真的很 令人激动！我们不会大张旗鼓地去宣传或去高谈阔 论……所以边走边看喽！

超有地域风格，超具社交功能

维克多爵士酒店（Sir Victor Hotel）凭借包容性和功能性很强的社交空间，塑造出和平、安静和娱乐的氛围，把加泰罗尼亚（Catalan）首府巴塞罗那的物质和创意表现得极其出色。

酒店的名字是为了向加泰罗尼亚现代文学的主要代表人物卡特琳娜·阿尔伯特·帕拉达斯（Caterina Albert i Paradìs）致敬，在发表一个长篇大论激发丑闻后，为了永久地"保护"自己，她给自己化名为维克多·卡塔拉（Victor Català）这一男性名字。除此之外，卡佩拉·加西亚（Capella Garcià）的设计非常具有文学风范，酒店正面的开放区域塑造成随风飘动的书页。这是个富有诗意同时功能性也很强大的设计，因为它确保了客人的隐私，让客人更多去关注大牌购物街格拉西亚大道（Passeig de Grécia），同时具备良好的隔音效果，保证了客房和套房间91个单元的光照。巴塞罗那是个活跃、繁荣的当代城市，地形多变，为聚会、展示和展览等社交活动创造了林林总总的功能空间，酒店起伏的外观也恰好体现了巴塞罗那充满活力的个性。室内设计由以色列Baranowitz+Kronenberg建筑工作室完成，大厅明亮、宽敞，展现了地中海海岸线的特点，休憩

区、酒吧和波特先生（Mr Porter）餐厅的铜屏风天花板和当地橡木木地板上配以深色胡桃木家具，灯具采用的是黄铜、钢和卡拉拉（Carrara）大理石饰面的Bocci灯，色调逐渐变暗，契合附近的Sant Llorençdel Munt自然公园的山区险峻地形。游客可以欣赏到著名观念艺术家安东尼·蒙塔达斯（Antoni Muntadas）和当代抽象艺术家巴罗尔（Alfons Borrell）的大作，还能参观当地专为青年人才项目设立的可轮流参展的一家概念商店。这些都展现了加泰罗尼亚艺术和文化的繁荣。针对客房和套房内部，Sir Hotels酒店集团的设计团队采用简单的布局、中性的颜色、木头的调性、新兴艺术家伯纳德·大卫（Bernard Daviu）的作品、纳尼玛尔奎娜（Nanimarquina）地毯以及意大利B&B Italia和卡

所有者 Owner: Sir Hotels
酒店运营商 Hotel operator: Sir Victor Hotel Barcelona
建筑设计 Architecture: Capella Garcia
室内设计 Interior design: Baranowitz + Kronenberg, Sir Hotel's in-house creative team
装饰 Furnishings: All custom made items by B+K Design produced by Martinez Otero; B&B Italia, Cassina, De La Espada, GAN Rugs, Living Divani, Kettal, Molteni&C, Nanimarquina, Piet Hein Eek, Pramarstone, Riva 1920, Segis, Stellar Works, Wittmann
灯光 Lighting: &Tradition, Bocci, Flos, FontanaArte
· · · · · · · ·
作者 Author: Antonella Mazzola
图片版权 Photo credits: Steve Herud, Mr Porter, Design Hotel™

西纳（Cassina）的模块化家具进行翻新。设计独具匠心，巧妙运用的自然光和人工光对形式和容量进行了有效的中和。客人可以光临酒店的屋顶酒吧享受餐前小吃、品呷特色鸡尾酒，在阳光下寻找烹饪体验。屋顶酒吧生动的纺织图案和丰富的植物让人惬意；客人还可莅临室外休息区和游泳池欢度放松的夏夜，品味苦艾酒的同时尽情欣赏DJ和现场音乐。在寒冷的月份，客户可以选择温暖的水疗中心或驻足于展出化名维克托·卡塔拉的女作家卡特琳娜·阿尔伯特·帕拉多全部作品的图书馆。

追求卓越

正如杜梅尼科·多尔奇　（Domenico Dolce）和斯蒂芬诺·嘉班纳（Stefano Gabbana）所解释的，位于罗马西班牙广场（Piazza di Spagna）和米兰史皮卡大道（Via della Spiga）的两家杜嘉班纳（**Dolce&Gabbana**）新精品店是对巴洛克风格和意大利工艺的致敬。空间设计是与卡本代尔（Carbondale）工作室的埃里克·卡尔森（Eric Carlson）合作完成。

漫步于店中，你的脑海中浮现出的字眼可能会是辉煌、美丽、独特、宏伟、财富、情感、光明、优雅等等。斯蒂芬诺·嘉班纳曾说，"这些精品店是全球各地新店铺的重要组成部分。几年来，我们一直致力于将商店设计为符合特定城市和文化特点的惟一店铺，但同时仍然保留杜嘉班纳的身份特点。这是给客户提供不同的独特体验的方式。"得益于卡本代尔工作室（该工作室在巴黎和圣保罗设有办事处）的设计理念，两家店铺虽有差异，但同样专注于卓越和非凡。"对我们来说，与知名建筑设计公司合作非常激励人。我们和设计师讨论，交换意见和想法，吸收他们的经验。我们通过互动和文化交流碰撞出独特的专为特定领域设计的精品店理念。与卡本代尔公司埃里克·卡尔森的合作就是这样一个非常有趣的过程。"事实上，正如杜梅尼科·多尔奇所言，"位于史皮卡大道2号和西班牙广场的精品店是专为罗马和米兰开发的。永恒之城罗马的壮丽和无与伦比的历史魅力在16世纪罗马宫殿的宏伟空间延续。而新的精品店开设于此。优雅的大理石，手工镶嵌的马赛克；安装在楼廊和一楼半拱形天花板上融合了传统、历史和科技的显示器与天使翱翔的动态天空结合在一起。另一方面，史皮卡大道2号

店反映了品牌的DNA、历史根源和重要事件，在充满早期价值观和情感的空间中以新的辉煌形式重现于世。这家店铺可谓是很好地诠释了公司的背景和公司与女性世界的紧密联系。"在罗马西班牙广场的店铺分两层，销售男装和女装、配饰、精美珠宝和手表。客人一旦跨过门槛，就会置身于被各种各样大理石包裹着的地板、墙壁和天花板中。由意大利工艺大师制作的珍贵的吹制玻璃吊灯发出的光线

将大理石的纹理和色调展现出来。一楼墙壁上的拉丁语铭文，第一盏枝形吊灯照亮的母狼，还有两个圆屋顶等采用金色和其他颜色的瓷砖手工镶嵌，彰显着罗马的美丽。楼梯采用常用于纪念碑上的大理石，拾级而上，客人可以到达精品店的中心画廊，拱顶和墙壁通过显示器投射出动态的天空，对面镜子反射出来的天使翱翔其中，而地板上刻有天堂（Paradiso）、爱（Amore）和美丽（Bellezza）

所有者/开发人员 Owner & Developer:
Dolce&Gabbana
室内设计 Interior design: Dolce&Gabbana
and Eric Carlson (studio Carbondale)

· · · · · · · · ·

作者 Author: Francisco Marea
图片版权 Photo credits:
Antoine Huot, Alessandra Chemollo

三个词语。进入二楼珠宝区，游客可以看到美丽的地毯和大理石墙壁，而裁剪区使用的是乌木、赤桉木和卡纳莱托（Canaletto）胡桃木。米兰史皮卡大道2号精品店占地920平方米，计3层，随处可见巴洛克风格，如罗马店一样，通过黑色玄武岩的楼梯连接，给人留下深刻的印象。电梯的镶嵌地板和墙壁的黄铜牌匾上刻有选自20世纪意大利作家的词汇。多窗口设计使店铺完美呈现出几何体和光元素，店内主要销售女装、晚装、配件、精美珠宝和手表。由榆楠木和色彩强烈的红玛瑙等不同材料塑造的女装区弧形墙壁打断了整体的线性设计。地板与楼梯的黑色玄武岩相呼应，而天花板是白色的。入口处的两个装饰柱和一楼的红碧玉大理石镶嵌物把巴洛克风格体现得淋漓尽致。整体家具使用的都是赤桉木：一楼的木材与玻璃的透明度形成了色彩对比，而在二楼，它与黑色玄武岩地板相交，在三楼，它与红色花岗岩和白色玛瑙结合。这些店铺展现的不单单是意大利的历史和美丽，也是珍贵的艺术品，是在向杰出工艺表达敬意。"对我们来说，工艺是一种重要的价值观；它传达了我们对工作的热爱，传达了我们对项目的关注，也传达了我们对形式和谐以及细节精致之间完美平衡的不懈追求。无论在服装还是在设计项目上，我们的创作都是基于手工制作（fatto a mano）的理念。"

Pearl Wave

A CELEBRATION OF LIGHT

PRECIOSA

preciosalighting.com

尽享比佛利山庄
（Beverly Hills）之美

Beverly Estate是座三层楼豪宅别墅，所有家具均出自于意大利设计公司Visionnaire的设计师洛伦佐·卡西诺（Lorenzo Cascino）之手，充满着现代主义的简约优雅。而拥有1.5亿年历史的恐龙化石标本镇宅，令人尤为惊叹。

这座豪华住宅位于加利福尼亚州比佛利山庄富康庄园大道（Beverly Estate Drive）1300号，魅力四射，时尚诱人，特别适合喜欢接待朋友富有头脑的年轻客户。别墅室内面积即已超过12,500平方英尺（约1161平方米），有5卧9卫，家具全部由意大利豪华内饰品牌Visionnaire配备。Visionnaire公司的品牌大使，室内设计师洛伦佐·卡西诺说："Beverly Estate是Visionnaire迄今为止在美国策划的最有趣的项目，因为它把外部的纯粹设计和室内的空间感和明亮感完全结合为一体，令人印象深刻。自动可滑式门窗设计，让人可以对海洋与城市中心的风景一览无余。"豪华别墅共有三层：游戏室、健身房、桑拿浴室和蒸汽浴室以及80英尺长的无边泳池等设施一应俱全，高档典雅的材料，量身定制的装饰，让人赞不绝口。"这里的小恐龙宝宝Dino最为有趣，我们

建筑事务所 Architectural Firms: Ameen Ayoub
室内设计 Interior design:
Visionnaire Interior Design Studio
物业 Property: Tim Ralston
房地产商 Real Estate: The Agency, Hilton and Hyland
装饰/灯光 Furnishings & Lighting: Visionnaire
········
作者 Author: Francesca Gugliotta
图片版权 Photo credits: courtesy of Visionnaire

称它为Dino宝宝，因为对我们来说，它就像我们的孩子一样。它是真正的恐龙标本，我第一次见到它时是到亚利桑那州图森市，当时我去拜访大利古生物学家斯特凡诺·皮奇尼（Stefano Piccini），是他让Dino重见天日。斯特凡诺向我展示了这具拥有1.5亿年历史的标本，骨骼长6米，高2米，真是大开眼界。我一下子就喜欢上Dino，感觉它就应该是这座现代化住宅的最佳来客。因为它能够把过去与未来完美结合在一起。"房间里摆放的现代作品都是根据客户的需求量身定制的。"一楼定制的卡拉卡塔（calacatta）大理石铬钢框方形餐桌非常有特色，配备香港设计师梁志天（Steve Leung）设计的12把椅子，熠熠生辉。客厅里两张浅色天鹅绒Legend组合沙发将巨大的客厅区域自然分为两部分，一半供家人使用，一半供客人使用。整个房间均由Visionnaire公司设计，个性化比重约占整个住宅的60%，尤其是在地下室影院，我们定制了共3排每排4个计12个座位的可躺式座椅，皮革和天鹅绒材质，扶手里暗藏迷你酒吧，非常漂亮。"厨房"很有地方特色，像木盒子一样，带桃心木推拉门，把美诺（Miele）家电和橱柜，两个灰色大理石台面厨房岛和Visionnaire设计的新古典风格的Clem椅子隐藏起来，别具匠心。"

富有远见的案例

历经6年时间，花费2600万欧元，经历法国设计师弗雷德里克·科斯特斯（Frederic Coustols）和玛丽亚·门多萨（Maria Mendoça）两人的改造，位于里斯本的精品酒店贝尔蒙特宫酒店（**Palácio Belmonte**）才重新见诸于世，极尽奢华。

该精品酒店位于阿尔法玛区（Alfama），在鹅卵石街道汇集的顶部，可见这家标志并不明显的酒店，但厚重的红色大门将它与喧闹的游客隔开。酒店中没有人群，鲜有噪音，枕头上不会放置巧克力，连电视也难寻影踪。新鲜的空气、空间、光线、书籍和令人惊叹的历史细节，讲述着里斯本的历史，见证着建筑的风霜。酒店起源于中世纪，当时玛努尔一世（King Manuel I）的议会官员布拉斯·阿丰索·科雷亚（Brés Afonso Correia）在罗马时代和摩尔时代的城市防御工事上建造了最初的房子、庭院、一个洗手间和两座至今在酒店外观上可见的防御塔楼。酒店名字来源于贝尔蒙特伯爵，他是继阿特拉亚侯爵（Marquis de Atalaia）和航海家阿尔瓦雷斯·卡布拉尔（Alvares Cabral）之后入住于此，并于1503年对此进行了第一次翻新。在16世纪期间，该建筑进行了大修：在东侧扩建全景露台——电影《佩雷拉的证词》（Sostiene Pereira）中的男主角马塞洛·马斯楚安尼（Marcello Mastroianni）站立的地点就是这个露台——并用五个古典风格的立面加以装饰，令人叹为观止。两位葡萄牙瓷砖制作名匠曼努埃尔·桑托斯（Manuel Santos）和瓦伦蒂姆·德·阿尔梅达（Valentim de Almeida）为室内增添了美丽的瓷砖装饰，由30,000多块瓷砖组成的59幅阿兹雷荷(Azulejo)瓷砖画刻画了基督教的故事和当时葡萄牙宫廷的场景。1994年，艺术和景观历史

德里克·科斯特斯（Frédéric Coustols）和他的妻子玛丽亚·门多萨（Maria Mendoça）收购了这家酒店，成为其新业主。如今，在二人的共同努力下，酒店已经恢复其独特的魅力。在保护文物建筑及历史地段的《威尼斯宪章》指导下，酒店的修复遵循可持续发展的原则，逐渐恢复了原有的庄严。在里斯本市政当局的支持下，建筑师佩德罗·基里诺·达·丰塞卡（Pedro Quirino da Fonseca）和米格尔·安吉洛·席尔瓦（Miguel Angelo Silva）紧密合作，进行翻修，在本世纪初，挽救了原始建筑材料和饰面、吊顶、17世纪的外墙，同时把蓝白色的瓷砖画和鲁伊·冈萨尔维斯（Rui Gonçalves）的精彩画作进行了复原。自然通风系统的安装可以输送厚墙内的气流，使空调不再成为必需品。贝尔蒙特咖啡馆（Café Bel-

所有者 Owner: Frederic Coustols
室内设计/翻新/修复 Interior design, renovation and restoration: Pedro Quirino da Fonseca with the collaboration of Miguel Angelo Silva
装饰 Furnishings: mostly antique furniture, Pergay, YGNH, Way of Arts
灯光 Lighting: Jacob Temerson, YGNH
· · · · · · · ·
作者 Author: Antonella Mazzola
图片版权 Photo credits: Sivan Abkayo, Joe Condron, Nelson Garrido, Camille Ginestrel, Ariel Huber, Joana Pinto, Marko Roth, Jacob Termansen, Marc Vaz

monte）和加尔纳恰（Grenache）餐厅由帕蒂奥·多姆·弗雷迪克（Pátio Dom Fradique）经营，重新设计的花园种满了当地的植物、花卉和水果，旁边还有一个优雅的黑色花岗岩游泳池。围绕天井发展起来的不规则的复合布局决定着内部设计的手法：大型大厅，包括专为玛丽亚·乌苏拉·阿布鲁·伦卡斯特罗（Maria Ursula d'Abreu e Lencastro）设计的近100平方米的"舞厅"，与迷宫式布局中的小分区、走廊、露台和螺旋楼梯形成鲜明对比。十间独一无二的套房虽然楼层不同，但每间都是以葡萄牙历史上的重要人物命名。并且将17、18和19世纪的家具与当代艺术作品，将白色或黄色沙发以及现代浴室结合在一起。酒店既包括体现航海家麦哲伦需求的费迪南德·麦哲伦（Fernão Magalhães）套房，装饰简单，也有以帕德雷·喜马拉雅（Padre Himalaya）命名的套房。这间套房在罗马塔上部的三层结构上，四周的窗户可以让人尽情欣赏周围的美景，充满浪漫魅力。

JUMBO COLLECTION
LUXURIOUS FURNITURE

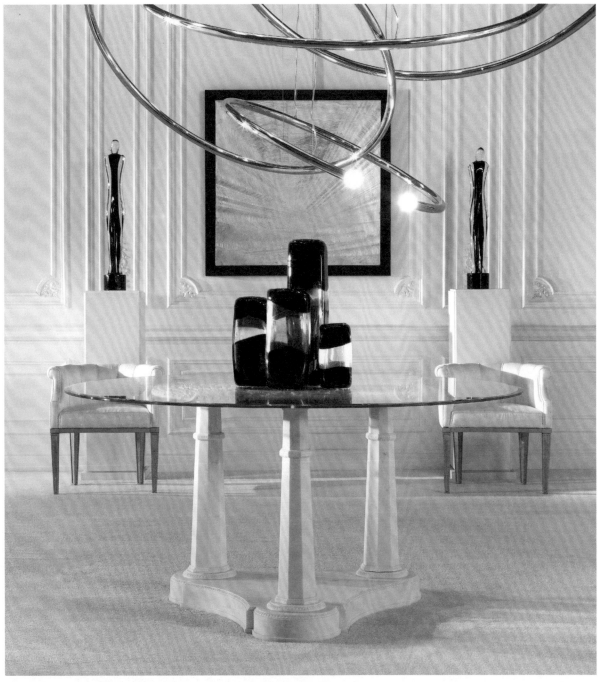

AN EXCLUSIVE COLLECTION BY JUMBO GROUP

WWW.JUMBO.IT | INFO@JUMBO.IT | PH. +39 031 70757
JUMBO GROUP MILANO | VIA HOEPLI 8, MILANO
JUMBO GROUP NEW YORK | D&D BUILDING | 979 THIRD AVENUE, NY

健康：
根源与未来

北京新开了一家美容和个人保健诊所，技术资源和雕塑般的空间布局把传统中医与现代方法进行了有机结合。

北京水疗保健诊所（Aqua Health Clinic）是一个健康、静思和冥想的地方，与传统中医诊所不同，这里没有陈年药材的古老气味，图形结构和材料的结合，非连续断面造型的墙体，渲染出未来主义的环境，把时间和空间凝结。水相设计（Waterfrom Design）的设计理念以"凝结的时光展"为概念，为客人营造水下氛围。在海蓝色屏幕之间，通过空间和材料运用产生的光影效果，通过安置中药植物和矿物标本的分离透明展示柜，再经过各种照明处理，传达了英国艺术家达米安·赫斯特（Damien Hirst）的概念性空间，把生死之间的复杂关系进行了很好地阐释。280平方米的空间包括问诊区、茶歇区、洗手间、储藏间和员工休息区等。接待区与博物馆售票区非常类似，长形玻璃盒椅凳漾着暖光，其中的苔藓标本如云朵飘浮。斗拱、弧墙以及回绕曲折的视觉轴线，相互隔断相互渗

透，情景交融，让人的感官沉浸在飘浮的时光里。问诊区的长木桌简约沉稳，与蓝色墙壁的色调和由88个装有不同数量和色调的蓝色液体的玻璃容器组成的背光面板相得益彰。在相邻的茶歇区，数以万计的垂直分层的丙烯酸棒，分别以不同的蓝色阴影点亮，以山、雨、雾同在的节奏构图让来客静静地享受茶歇。卫生间由台面到墙上均包裹厚重而光泽隐晦的纯铜。但仅在面部高度局部打磨成光洁镜面，使人不经意瞥见清晰倒影，令人驻足玩味。面部护理区的平台略微抬高，在发光的玻璃方格映衬下，产生并投射出连续的光影运动，滋养着视觉和想象力。

所有者 Client: Aqua Health Clinic
室内设计 Interior design: Waterfrom Design
装饰 Furnishings: Ton (chairs), on design
灯光 Lighting: on design
· · · · · · · ·
作者 Author: Antonella Mazzola
图片版权 *Photo credits: Kuomin Lee; LenmuG*

马尔代夫的灵感

WOW建筑师事务所 ｜ 华纳黄设计公司
（WOW Architects | Warner Wong Design）
在设计**马尔代夫沃姆利瑞吉度假村**（**St Regis Maldives Vommuli Resort**）时，遵循的原则是尽量在不影响生态环境的大前提下加强与当地景观和文化的互动。

马尔代夫的生态精致，历来被视为田园诗般未受污染的旅游胜地，这也为新加坡WOW建筑师事务所 ｜ 华纳黄设计公司实施的建筑、室内和景观设计的完整项目提供了灵感，该项目名为马尔代夫沃姆利瑞吉度假村，五星级，占地9公顷，位于距首都马累约150千米的达鲁环礁（Dhaalu atoll）内。设计团队由黄超文（Wong Chiu Man）、玛利亚·华纳·黄（Maria Warner Wong）与诺埃米·埃斯卡诺（Noemi Escano）、加藤樱井（Atsuko Kato）、史蒂夫/萧登辉（Stephen Siew Teng Hui）组成。设计师声称他们的设计旨在重新定义豪华度假村的体验，并通过教育来培养意识，塑造和物理环境互动的新范式，进而愉悦感官。因此，在马尔代夫体验情感和智力，必须要对所居住的生态系统的复杂关系具备深刻的认识。形式和空间源于自然，这些形式与不同的原始小屋和谐共生，也强化了度假村的美好氛围。每个空间的设计统筹考虑了海洋野生动物、原生植被、当地传统等自然和文化。酒店内分为潟湖区（The Lagoon）、

海滩区（The Lagoon）、丛林区（The Jungle）和沿海区（The Coastal Zone）4个分区，其中的77栋别墅和套房很好地反映了设计师们的设计初衷。延伸到礁石之上的44栋水上别墅（Overwater Villas），以曼陀罗优雅的方形呈现在游客面前。它们中间是约翰雅各布阿斯特庄园（John Jacob Astor Estate），这里有1500多平方米的套房，3间卧室，旁边是8间282平方米的水上圣里吉斯套房(Overwater St. Re-

gis Suites)，其余21套的面积为182平方米。海边的海滩别墅（Beach Villas）有14套140平方米的一居室和2套530平方米的两居室套房，卡罗琳阿斯特庄园（Caroline Astor Estate）有一套面积620平方米的三居室套房，这两处复制了岛上渔民小屋的简单结构。潟湖区的家庭别墅（Family Villas）有12间两居室，每间334平方米，颇似印度洋上典型的Dhoni帆船，而花园别墅（Garden Villas）是4间150平方

酒店运营商 Hotel operator: Marriott International
建筑设计/室内设计/景观设计
Architecture, interior and landscape design:
WOW Architects | Warner Wong Design
装饰 Furnishings: on design
室外家具 Outdoor furniture: Tribù
....
作者 Author: Simona Marcora
图片版权 *Photo credits*: courtesy of
The St. Regis Maldives Vommuli Resort

米的一居室，游客可以欣赏岛内茂密的植被。所有套房和别墅均配有带游泳池的大型私人日光浴室，并配有比利时Tribù户外家居系列的行军床、日光躺椅、户外桌和雨伞。定制的室内装饰采用的图案和材料非常精致，艺术作品、具有地域特点的织物、珊瑚和贝壳制成的灯具、来自海上并由当地工匠手工制作的浮木和玻璃制品等令人一饱眼福。当地自然和传统元素的形式和色彩融入到所有的住所和生活中，而共享设施遵循的原则也是如此。鲸鱼酒吧（Whale Bar）

向西延伸至大海，与鲸鲨及其巨大的嘴巴具有惊人的相似之处。酒吧里面柜台上方是艺术家玛雅·伯曼（Maya Burman）的一幅作品，形似龟壳，用烙画的手法讲述渔民和鱼的故事。仔细观察，游客还可以看到一个男人和一个男孩同坐在船上的画面。这是为了向沃姆利（Vommuli）印度主人致敬。他在20世纪90年代初来到当时无人居住的岛屿后就爱上了这个地方并决定将它买下，并畅想开发出可以展现和尊重原貌的独特的度假胜地。在岛的另一端，铱水疗

中心（Iridium Spa）仿佛一只巨大的龙虾，而在这个生物头部的供游客放松的水疗池称为蓝洞（Blue Hole），它的造型模仿的是珊瑚礁上发现的天然水疗池。图书馆（Library）不仅为客人提供大量阅读书籍，其螺旋贝壳形式堪称独品，而度假胜地活动中心的Vommuli House特别类似源于印度的大榕树天线般的根权。游客置身于岛内的热带花园中，不仅可以到健身中心健身，还可以到反重力瑜伽冥想工作室体验反重力瑜伽，或者到针灸室消除一天的疲劳或者到儿童俱乐部参与各种儿童活动，甚至到设备齐全的烹饪学校进行生活体验。然而，WOW建筑师事务所 | 华纳黄设计公司的建筑设计并非仅仅是自然元素的延伸。度假村同时也是艰苦的可持续建设解决方案的结果，这些解决方案现在特别有助于形成这一领域的新标准。设计师特别注意材料的选择：室外甲板等采用的都是岛上完全回收的木材，而混凝土和钢材的使用已经降到最低。根据传统、当地文化和瑞吉品牌的价值观，业主们继续维护一个与马尔代夫精致的人居环境相适应的奢华标准，为该地区的生态旅游设定新的参考参数。

KETTAL

H Pavilion & Dots Spotlight by *Kettal Studio*
Molo Sofa & Chaise longue by *Rodolfo Dordoni*
Band Chair & Candleholders by *Patricia Urquiola*
Half Dome Lamp by *Naoto Fukasawa*
Geometrics Rugs by *Doshi Levien*

家的感觉

罗斯东市场酒店（**ROOST East Market**）是费城一家新公寓式酒店，游客入住于此，既可以享受精品酒店的服务，也可以感受公寓的舒适。

因为工作或其他原因离开家到别的地方居住，无论时间长短，都会涉及到旅客行为习惯和日常生活方式的改变，这通常都令人不安。总部位于费城的Method公司希望通过罗斯公寓式酒店为客户提供宾至如归甚至比在家还要出色的感觉。酒店包括大小不同类型各异的公寓，有工作室，也有包含一个或两个卧室的公寓。酒店装修优雅，灯光和细节都很精致，特有的艺术品更是增色不少。2019年开业的费城罗斯东市场酒店共有60套公寓，位置优势，距离市政厅和费城会议中心仅咫尺之遥。该集团拥有的前两家酒店分别为罗斯公寓（ROOST Midtown）和罗斯里滕豪斯酒店（ROOST Rittenhouse），各有27套房间，

所有者 Owner: Method
建筑设计/室内设计 Architecture & Interior design:
Morris Adjmi Architects
装饰 Furnishings: Chelsea Textile, Gubi, Cassina, Diesel
Living, Stellar Works, Stolab, Uhuru; custom designed
burnished brass side tables, freestanding sideboards,
leather-clad desks, leather sofas and sectionals
灯光 Lighting: Anglepoise, Gubi, Lumina, Original BTC,
Stone and Sawyer, Workstead
老式Lilihan地毯 Vintage Lilihan rugs: Old New House

· · · · · · · · ·

作者 Author: Francisco Marea
图片版权 Photo credits: Matthew Williams

共享大厅宽敞，餐饮齐全，而罗斯东市场酒店是该集团的第三家店。纽约莫里斯·阿德米（Morris Adjmi）建筑师事务所负责这25层建筑的整体内外设计。该酒店拥有60套大小不一的公寓，以其干净的线条、精致的细节、木质的运用和一系列的暖色调受人瞩目。店内陈设着定制的或复古作品，还有经典的现代设计。纽约Workstead设计工作室的Stones & Sawyer台灯，美国艺术家唐纳德·贾德（Donald Judd）的无装饰简约主义餐具柜和控制台，卡西纳（Cassina）家具，切尔西纺织品（Chelsea Textiles），丹麦Gubi家具和日本星创（Stellar Works）家具均汇聚于此。卧室里的波斯地毯和Lumas画廊的艺术品使这里更加富有家的感觉。除此之外，其他共享服务和不同空间使该酒店也与众不同。带有垂直花园的大礼堂位于酒店一楼，休闲区、全景露台、蔬菜园区、烧烤设施、带加热的20米长游泳池、24小时开放的健身中心、图书馆、共享休息室、演示厨房和私人放映室，应有尽有。酒店位于市中心Midtown Village区一角，位置极佳，街边到处都是餐馆和精品店，对面则是瑞汀车站市场（Reading Terminal Market），这是家堪称传奇的美国最大最古老的公共市场之一，现在是一个最受欢迎的美食目的地。

法拉利博物馆在2019年吸引了60多万游客，比前一年增加了12%，可谓创造了新纪录。2019年，两个场馆游客数量激增，其中摩德纳的恩佐·法拉利博物馆（MEF）的游客数量跃升至超过20万人次，而在

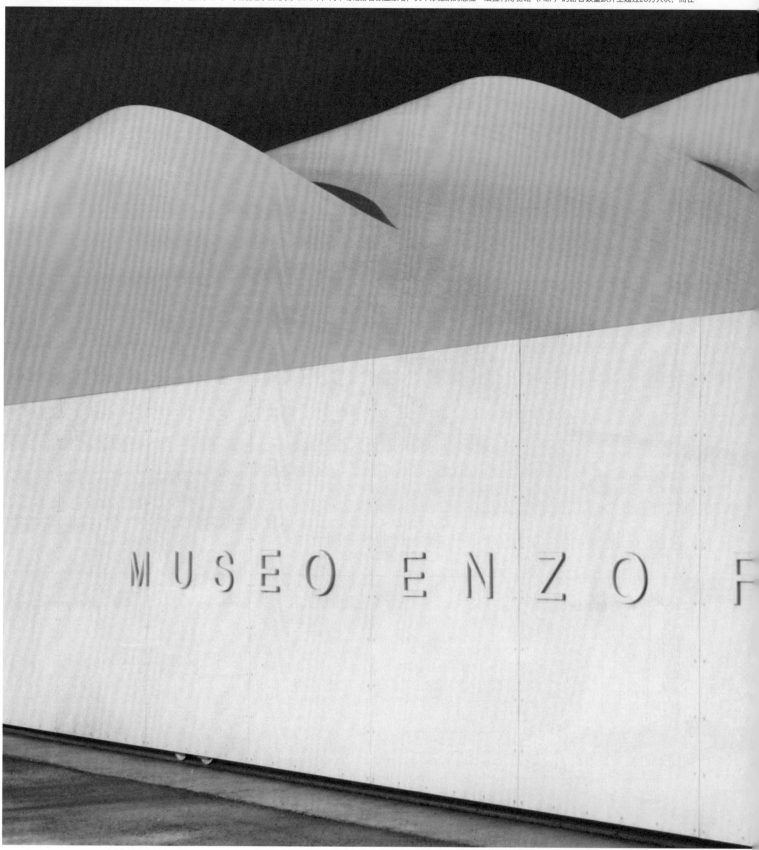

马拉内洛的法拉利博物馆（Ferrari Museum）游客数量同期增长超过40万人次。

度假区坐落在被美誉为"上海汉普顿"的莫干山地区。度假村的内部设计充分体现了地方的自然环境、材料、纹理和色彩，而且设计也把飘渺素然的原始感觉体现得淋漓尽致。

LIGHT
FOR
LIFE

COLIBRI Q
DESIGN
EMILIANA
MARTINELLI

ph. Bieffe   a.d. emiliana martinelli, massimo farinatti

MARTINELLILUCE.IT

这座由朱塞佩·曼纳朱奥罗（Giuseppe Mannajuolo）委托建造的新巴洛克风格宫殿是意大利新艺术运动的建筑典范。白色椭圆形螺旋大理石楼梯，配以颇具特色的铁栏杆，雄伟奇美。

NEW CLASSIC INTERIORS

艺术、建筑与互动

这是改变了纽约市面貌的迪勒·斯科菲迪奥+伦弗罗（Diller Scofidio+Renfro）**设计工作室的合伙人本杰明·吉尔马丁**（Benjamin Gilmartin）的愿景。不仅如此…

迪勒·斯科菲迪奥+伦弗罗设计工作室是当代最受赞誉的建筑设计公司之一，纽约高线项目、现代艺术博物馆（MoMA）扩建项目以及在轮子上移动的动态"棚屋"（Shed）表演艺术中心项目均由其完成。四位合伙人利兹·迪勒（Liz Diller）、里卡多·斯科菲迪奥（Ricardo Scofidio）、查尔斯·伦弗罗（Charles Renfro）和本杰明·吉尔马丁以及100多名建筑师、设计师和艺术家正在重新思考世界城市及其象征，重塑伦敦维多利亚和艾伯特博物馆（Victoria & Albert Museum of London），并设想在科罗拉多斯普林斯（Colorado Springs）新建一座奥林匹克和残奥会博物馆。颇具前卫实验精神的本杰明·吉尔马丁说："我认为建筑最终是关于城市的社会生活，试图创造充满活力的粘性空间，促进集聚和尽可能多的互动，也就是创造群聚效应。"

作者: Anna Casotti
肖像图片: Geordie Wood
项目图片: Iwan Baan (The Shed), Hufton + Crow (The Broad),
Diller Scofidio+Renfro (London Centre for Music, United States Olympic
and Paralympic Museum, V&A East Collection & Research Centre)

您和迪勒·斯科菲迪奥+伦弗罗设计工作室的合作关系是如何形成的？

我于2004年加入该工作室，共同执导设计艾莉丝·塔利厅（Alice Tully Hall）、林肯表演艺术中心（Lincoln Center for the Performing Arts）校园内的多个公共空间，以及里约热内卢音像博物馆（Museum of Image and Sound）、伯克利加州大学伯克利艺术博物馆和太平洋电影资料馆（Berkeley Art Museum and Pacific Film Archive）等项目。我是在2015年成为工作室的合伙人，之前我已经和利兹、里克还有查尔斯合作很多年了，也参与了工作室设计的大部分项目，结合四种截然不同的个性和观点仍是我们设计的核心。

您现在在做什么项目？

我在世界各地不同的项目类型中经历过各个阶段的设计，这是一种很奇妙的体验。令我高兴的是，历经六年的设计建造，科罗拉多斯普林斯的美国奥林匹克和残奥会博物馆将于今年对外开放。我们最近中标了麻省理工学院建筑与规划学院（School of Architecture and Planning at MIT）新区建设项目。（这

个项目几乎就像是在自己的大脑上做手术，因为我们和客户之间非常有共鸣。）在大西洋彼岸，我和其他设计师正共同进行伦敦音乐中心（London Centre for Music）的设计，这是伦敦交响乐团永久表演的新场馆，会在巴比肯艺术中心（Barbican Centre）和城市之间创造一个全新的重要的结合点。

您如何定义您对建筑的看法？

我认为建筑归根结底是关于城市的社会生活，并试图创造充满活力的粘性空间，促进集聚和尽可能多的互动，创造群聚效应。这可以通过文化节目来实现，但是，通常这也是为上演日常生活中的非正式剧场而创造的开放空间的结果，人们可能只是从那里经过，但最终受节目吸引，驻足观看甚至有可能上台表演。

在迪勒·斯科菲迪奥+伦弗罗的最新项目中有一处是哈德逊河畔的"棚屋"表演艺术中心。这种变革性的动态建筑理念不知道是受什么启发？

纽约市需要一个跨学科的平台，一个真正具有规模、真正具有内置灵活性的地方。通常，可以灵活移动的建筑在形式上不会有什么创新性，但我们想做个定制

上图: 科罗拉多斯普林斯的美国奥林匹克和残奥会博物馆

下图: 伦敦V＆A东方收藏与研究中心（左），伦敦音乐中心（右）

的结构，多功能，足以应对未来的不确认性。它的适应性要很强，甚至可以改变它的足迹。艺术有各种尺寸和形式——那为什么建筑就要固定尺寸呢？我们的城市拥有众多的文化机构，但在"棚屋"出现以前，并不存在一个把所有学科集合在一起可大也可小，可有室内也有室外部分的文化实体。

在您最近的项目中，有科罗拉多斯普林斯的美国奥林匹克和残奥会博物馆。您能告诉我们这个建筑的创作灵感是什么吗？

充满活力的建筑形式是要体现奥运会和残奥会选手在比赛中的活力和优雅。这座建筑围绕着一条连续的螺旋形通道，穿过一系列悬臂画廊向外展开。空间外立面是弯曲拉伸的绷紧的瓦铝板。内部结构的弯曲和扭曲给人一种渴望和奋斗的感觉。这在建筑术语中表达的是努力和优雅，会唤起运动员的表现欲，让游客直观感受奥运会和残奥会运动员的非凡人生。

独特的环境对建筑的外形打造有多大影响？

博物馆的位置选择是因为要为一个硬景观广场腾出空间，这样无论在哪，当地居民和参观博物馆的游客都可以欣赏到上方派克峰（Pikes Peak）的风景如画。广场的打造也为博物馆创造更多的机会，让博物馆可以与公众分享奥运会和残奥会联播、派对或冬季滑冰等节目。内部的大框架画廊可以让人从博物馆的任意角落欣赏周围的风景和城市风光。

它的主要特点是什么？

我们想为各种能力层次的人创造一个相同的无缝体验空间。游客们先是乘坐电梯登上光线充足的中庭，然后再沿着一条缓坡小路参观游览并到达一楼。博物馆还采用了最先进的登记系统，参观者可以在电子标签上登记任何个人需要，例如存在听力障碍或阅读小字体有困难等等。因为展品经过预先编程，所以可以自动调整满足这些需求。在整个设计过程中，我们还与一些残疾运动员合作，确保博物馆能够满足所有游客的体验。

您选用的是什么材料？

外墙主材是瓦片阳极氧化铝板，这种材料柔软而且富有弹性，就像一块布料一样覆盖在结实的内部结构和空间上。

上图：庇护所，纽约

下图：广阔，洛杉矶

迪勒·斯科菲迪奥+伦弗罗设计工作室如何将表演艺术、建筑和视觉艺术结合起来？

利兹和里克创立工作室以来一直都有一个基础，那就是具有一个核心的交叉学科，一个自我发起的使命。虽然我们对设计建筑项目早已了然于胸，但我认为工作室一直都乐于尝试各种不同类型的项目，这都源自利兹和里克作为艺术家的底蕴。我们工作室的员工都有强烈的愿望去处理各种规模和类型的问题，无论是世界各地的哪种介质，也无论以前我们做过还是没做过，我们一直都在寻找并去征服下一座更难攀登的高山。

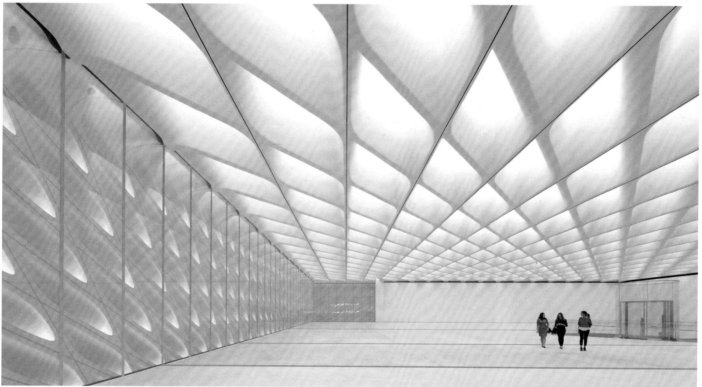

illustrazione Giacomo Bagnara

Strong — table+chair   design Eugeni
                         Quitllet

desalto.it

置身水下点美食

在挪威林德斯内斯（Lindesnes）的冰冷水域中，有一建筑作品横空出世，内部包括水下餐厅、水下生物圈研究中心以及当地水生野生生物观测三个项目。

这就是由斯诺赫塔建筑事务所(Snøhetta)设计的水下餐厅，34米长的整体结构在海底部分深度为5米。外部像是被冲毁的遇难船只，又像是从陡峭海岸滑落的潜望镜。餐厅位于挪威海岸最南端，水面上下美景各异，客人可以用全新的视角、全新的方式看世界。这里属于洋流汇聚之地，所以海洋物种在此繁衍生息，生物多样。为了保证海藻和贝类能够生根成长，进而吸引其他海洋物种，设计人员将建筑体量包裹在粗糙的混凝土外壳中。崎岖不平的表面成为人造礁石，而略微弯曲壁厚半米的外壳保证该结构能够抵御海浪的侵蚀和水的压力。宽11米、高4米的巨型丙烯酸

玻璃窗"眼睛"向海底深处敞开，让游客可以随时间、季节、天气和潮汐变化而欣赏到不同的奇观，令人赞叹不已。自然光穿过海水透入餐厅所引发的亮度和阴影的变化，令人回味无穷。白天时，灯光集聚在桌子上，其余空间笼罩着黑暗，野生动植物随之而来。日落之后，人造照明变得更加强烈，吸引着不同鱼类接近玻璃窗，让来到这里的宾客体验到只有潜水员才能拥有的独特视角。室内设计唤起了从陆地到海洋三个层面的整体隐喻。这里的色彩

会随着时间流逝发生变化，最终达到与混凝土相似的灰色。来宾首先来到橡木门厅。之后，再来到香槟酒吧。在这里，狭窄的丙烯酸玻璃窗实现了海岸到海洋的过渡，该玻璃窗垂直切入整个餐厅，来宾不仅可以看到餐厅深处，而且还可以看到第三层的两张长餐桌和摆在大全景玻璃窗前面的各种小桌子。纺织品覆盖的天花板和墙板精细编织参考日落落入大海的颜色进行设计，先呈现的是岩石和贝壳的浅色，并逐渐溶解为海藻和海底的深蓝色和绿色。

所有者 Owner: Lindesnes Havhotell (Stig Ubostad and Gaute Ubostad)
建筑设计 Architecture: Snøhetta
总承办商 Main contractor: BRG Entreprenør
结构顾问 Structural consultants: Asplan Viak AS
海浪影响顾问 Consultants on wave impact: CoreMarine
声学顾问 Acoustic consultants: Brekke & Strand Akustikk
照明顾问 Lighting consultants: ÅF Lighting
海洋生物学家 Marine biologist: Trond Rafoss
丙烯酸窗 Acrylic windows: Reynolds Polymer Technology
室内和室外木板及家具生产商 Wood cladding indoors and outdoors
and furniture producer: Hamran Snekkerverksted
装饰 Furnishings: Hamran, Kvadrat
灯光 Lighting: iGuzzini
· · · · · · · ·
作者 Author: Antonella Mazzola
图片版权 *Photo credits: Ivar Kvaal, Inger Marie Grini/Bo Bedre Norge,
André Martinsen, courtesy of Snøhetta*

"艺术的"
休憩港

BnA 阿尔特博物馆酒店（BnA Alter Museum）位于京都郊外，是一家提供独特体验的酒店。因拥有永久性艺术展览并可以入住的缘故深得艺术爱好者的青睐。

你对艺术的热情是否强烈到花几个小时离开它都很难的地步？BnA阿尔特博物馆酒店正是为那些对司汤达综合征（Stendhal Syndrome）免疫的艺术爱好者而创建的。继高元寺艺术家酒店（BnA HOTEL Koenji）和秋叶原艺术家酒店（BnA STUDIO Akihabara）之后，BnA 阿尔特博物馆酒店成为BnA集团设计的第三家酒店，遵循的原则也一致。酒店设计由9名艺术总监指导，永久展示15名日本艺术家创作的31件作品，31间客房每间安置一件。就像不断为艺术捐款一般，客人在逗留期间与作品一起生活，同时也为艺术家的生活做出了捐助。BnA集团广泛致力于本地和外部的联结，进而加快教育和社会觉悟的进程。在房间里，特定的场地随处可见，装饰风格和装修"打扮"均围绕作品本身进行。博物馆酒店内有垂直阶梯画廊（SCG），因此体验感更强。"垂直画廊"高达10层，沿楼梯坡道分布，达30米高，

所有者/开发人员 Owner & Developer:
Columbia Works Hotel & Resorts
酒店运营商 Hotel operator: BnA
结构+外部承包商
Structure + Exterior Contractor: Kanewa
设计建筑师 Design Architects: Hisao Morita
(Morita Architectural Laboratory),
Keigo Fukugaki, Mio Kawai (BnA)
当地建筑师 Local Architects:
Toyo Architects and Engineers Office
室内承包商 Interior contractors: TANK (Lobby
Interior), ICOS, Smart works, TIGA (Art Room Interior)
室内设计 Interior design: Hisao Morita, Yoichiro
Umemura (Morita Architectural Laboratory),
Keigo Fukugaki, Mio Kawai (BnA), Reiichi Ikeda
(Reiichi Ikeda Design), Takao Kondo (Kanome)

. . . .
作者 Author: Manuela Di Mari
图片版权 *Photo credits: courtesy of BnA Hotel*

具有绝对的冲击力和张力。此处每年都会举办两次以活动、巡展、研讨会和年会等形式的大型展览。虽然SCG贵为酒店的"大脑"，但它的核心却是"无题"。这是家以偶然发现为设计目标的无名酒吧，客人和当地居民可以在这里分享经验，他们也乐于通过纯粹的偶然性去开发、去探寻他们本未曾想要找寻或本想寻找其他东西时的新发现。但咖啡厅和休息区也适合社交和交流，这一点在室内设计有所体现，一方面通过天花板上的镜子技法放大和扩大空间，另一方面分散照明系统也给客人带来悠闲感。BnA的"使命"不唯于此。该集团目前正在东京日本桥（Nihonbashi）区完成另一个计划于2020年开业的酒店。该酒店将包含25间客房。艺术家们已经开始着手工作。

空间、光线和快乐心情

来自于纽约的建筑师事务所把新邦德街的LV商店进行了重新设计。设计因地制宜,店内不仅汇聚了美轮美奂的内饰和标志性的家具,还有25位艺术家的43件艺术品。

彼得·马里诺(Peter Marino)在谈到新邦德街的路易威登精品店时说:"我想把空间、光线和快乐的心情结合起来,而且不能产生压迫感。"2010年以来,伦敦一直受巴黎梅森(Maison)的青睐。这里的路易威登店历经14个月装修后重新开业。色彩爆炸的外墙面上镶嵌着路易威登的字母组合图案,堪称梅费尔地区(Mayfair)的奢华典型。门口处的Damier门槛由Croix Huyart石灰石和来自比利时的Hainaut蓝色大理石组成,奠定了全店奢华、轻盈的调性。顾客进入店内,仿佛置身于由25位艺术家创作的43件艺术品组成的多变画廊空间,真是妙不可言。这些艺术大腕包括萨拉·克朗尔(Sarah Crowner)、吉姆·兰比(Jim Lambie)、乔什·斯珀林(Josh Sperling)、法哈德·莫希里(Farhad Moshiri)、马特·加格农 (Matt Gagnon)等等。设计爱好者能够欣赏到标志性的家居作品。比如:悬挂在双高天花板上坎帕纳兄弟(Campana Brother)Objects Nomades家居系列的四个COCOON茧式吊椅;由Raw Edges公司设计的挂在时尚珠宝区天花板上的10个Concertina Shade灯罩,亮晶晶地排列着的Atelier Oï 设计工作室设计的折纸花束。还有加埃塔诺·佩谢(Gaetano Pesce)设计的门,马蒂诺·甘珀(Martino Gamper)设计的Wom桌,安杰洛·曼吉亚洛蒂(Angelo Mangiarotti)1970年代设计的桌子,马里奥·贝里尼(Mario Bellini)设计的卡西纳(Cassina)系列Basilica长方形桌,夏洛特·贝里安(Charlotte Perriand)于1958年设计的收纳柜。三层开放式地板,漂亮的双螺旋铅白橡木楼梯,空间的

所有者 Client: Louis Vuitton / LVMH
建筑设计/室内设计 Architecture & Interior design:
Peter Marino Architect
装饰 Furnishings: Limited edition and vintage pieces
········
作者 Author: Francesca Gugliotta
图片版权 Photo credits: Stephane Muratet,
courtesy of Louis Vuitton

利用达到极致。设计师彼得·马里诺说："我们的设计是尽可能扩大现有的空间。我们发现，空间越大，顾客就更愿意逗留，因此我们不再使用厚板材，这就为女鞋和女装成衣创造了两倍的空间。邦德街梅森店中有三处所在大约是25英尺的双倍空间，楼梯处则是约为40英尺的三倍空间。梅森对我们的设计充满信心，合作很愉快，而我们也实现了增大体积的目的，从商店本身增加建筑面积，会给客人一种惊喜和奢华

的感觉。"这位建筑师自1994年起就成为路易威登的御用设计师："设计最开始准备使用棕色木材，但后来我们放弃了这套方案，进而朝着更轻盈、更清楚、更快乐的方向发展。我们运用了大量的色彩，使环境变得更明亮、更清晰。因为我们发现人们对这些色调的反映更好。25年前引起公众共鸣的颜色在今天发挥不了作用。顾客受色彩刺激会感到高兴，鲜艳的颜色与销售有着直接的关系。"

架构塑造行为

位于洛桑（Lausanne）的**奥林匹克新总部大厦**（**Olympic House**）不仅发挥建筑方面的功能，而且也代表着奥林匹克运动的价值观和哲学观。

3XN建筑设计事务所和当地的IttenBrechbühl建筑事务所在设计奥林匹克总部大厦时主要围绕五个关键目标，分别是动感、透明、灵活、可持续性和协作性，旨在将国际奥委会4处管理机构统一于同一建筑中。该大厦位于日内瓦湖畔的路易斯布尔歇公园（Louis Bourget Parc），占地22000平方米，包括一个会议中心、多个会议室、一家餐厅，还有健身中心、可容纳500人办公的三层办公室、一个屋顶露台，以及一个地下停车场。总体规划时还把邻近的建于18世纪的维迪城堡（Castle of Vidy）囊括在内。根据尊重景观和自然环境的原则，城堡经过翻修，已经恢复了立面原貌，并利用专门开发的绿化和道路来保护当地的生物多样性。2014年，在由114家单位参与的多阶段国际建筑竞赛中，国际奥委会选择了丹麦3XN公司作为国际奥委会新总部的设计师，与瑞士当地的建筑事务所IttenBrechbühl合作建设。3XN的联合创始人金·赫福思·尼尔森（Kim Herforth Nielsen）董事说："我们的项目依赖于

所有者 Owner: IOC (International Olympic Committee)
建筑设计 Architecture: 3XN, IttenBrechbühl
室内设计与工作空间规划 Interior design
& Workspace planning: RBSGROUP
建筑照明设计 Architectural lighting design: Jesper Kongshaug
景观设计 Landscape design: Hüsler & Associés
细木工/薄板墙面覆层/咖啡台/家具 Joinery, lamella wall cladding,
coffee points, furniture: Schwab-system
装饰 Furnishings: Vitra + UniquementVotre
厨房 Kitchens: Frigorie SA, Ginox SA, Roger Seematter SA,
Service Equipement Wescher SA, Vauconsant
灯光 Lighting: ISBA AG (Skylights), Roschmann AG
(Ground floor facades + central skylight), S-light (Special lighting)
金属天花板 Metal ceilings: PlafonMetal
地毯/窗帘 Carpets & Curtains: Lachenal SA
纺织墙系统 Textile wall systems: Kvadrat AG/Soft Cell

· · · · · · · · ·

作者 Author: Francisco Marea
图片版权 Photo credits: Adam Mørk, Lucas Delachaux,
International Olympic Committee (IOC)

透明度和流动性，以促进和鼓励互动、沟通和知识交流，同时创造高效、可持续的工作环境。"奥林匹克大厦的设计很完整，以4个圆形服务核心和14根支柱支撑整个建筑群，这样就可以减少结构约束。这种设计增强了建筑空间的流通性，并促进工作人员之间的团结协作。具有象征意义的橡木大团结楼梯（Unity Staircase）的设计灵感源于皮埃尔·德·顾拜旦（Pierre de Coubertin）的现代奥林匹克运动代表五大洲的五环，连接所有楼层，直达顶部，令人震撼。大厦通过植物基座与外部景观有机融合，在视觉上显得更加自然。起伏、透明、有节奏的立面昭示着体育和奥林匹克运动的活力，同时也象征着国际奥委会的组织透明度。从下到上的玻璃使大厦显得很有深度，更重要的是室内可以获得光照，而双层换气系统也优化了隔热效果。在可持续性方面，奥林匹克大厦获得了三项最严格的国际级和国家级的生态建筑认证，分别是LEED铂金认证、SNBS认证和瑞士Minergie认证。太阳能电池板、雨水回收系统、隔热隔音系统、利用附近湖水的热泵，以及95%的原办公材料的重复利用和回收等诸多功能的结合使该建筑成为世界上最可持续的建筑之一。

Forward-thinking people.

Project by
Sabine Marcelis

AD Luca Botto — Graphic Designwork — Photo by Jeroen Verrecht

Osaka, design Pierre Paulin

Everything revolves around design.
We celebrate the timeless shape
of comfort with sustainable collections.

laCividina

时尚体验

时尚、美食和生活方式齐**聚在巴黎老佛爷**（Galeries Lafayette）新店中。比雅克·英厄尔斯（Bjarke Ingels）领衔的比雅克·英厄尔斯（BIG）建筑师事务所的设计充分尊重历史建筑的触感和肌理，通过精心的选材突出老佛爷依靠新技术进行独家零售的原创性。

老佛爷新概念店位于巴黎著名的香榭丽舍大街上一座20世纪30年代的艺术建筑内。沿着发光板照亮的步桥进入室内，顾客可以立刻沉浸在自中庭上方宏伟的玻璃穹顶洒下的自然光的环境。比雅克·英厄尔斯建筑师事务所通过新的视觉设计和结构改造，不仅把新店和原有的架构融为一体，而且把内外部之间打造得更加流畅，使顾客心甘情愿地在四个楼层间探索、浏览、娱乐。触觉刺激、体验逻辑、直观的应用程序和各种零售产品都反映了老佛爷创始人趣弗利·巴德尔（Théphile Bader)的本心和历史理念，即创建一个融商业、服务和娱乐为一体的所在，同时还要充分顾及品牌的未来声誉。玻璃材质楼梯延伸到顶层巨大的悬空玻璃橱窗，顾客在此设计制作的"自有"品牌你方唱

罢我登场。在一楼中庭，顾客就对各个楼层一目了然。地下美食广场集聚各式杂货店和餐厅，吧台则被放置在热闹的共享餐桌周围，但是一楼就像发光的"城市沙龙"，用来举办活动或作为概念店使用，还有香水、化妆品和健身区为一体的健康和个人护理区。顺着具有纪念意义的楼梯，顾客即可以到达柠檬咖啡馆（Café Citron），也可以进入为新兴创意品牌、丹宁布实验室、皮革制品、人造珠宝、中性运动鞋系列和各个设计对象打造的二楼空间。三楼是奢华的高级时尚品牌，同时也将重点放在不太为人熟知的品牌上。Oursin餐厅是一家地中海餐厅，和柠檬咖啡馆一样，由鱼子酱专门店Caviar Kaspia经营，在它的附近陈列着精美的珠宝和皮革制品。所有的楼层，尤其是较高的楼层，布置的家具发挥的不仅是固定的功能，更是表达了手工艺品的真正魅力：由穿孔金属板构成的金色圆环将所有的立柱围绕起来，神奇的魔毯像升起的波浪，既供给鞋类摆放也为试穿的顾客提供座位，而且地毯越过踢脚板，把试衣间分隔开来，而吊顶的雕塑特征颇为迷人。

所有者 Owner: Groupe Galeries Lafayette
室内设计 Interior design:
Bjarke Ingels, Jakob Sand (BIG - Bjarke Ingels Group)
. . . .
作者 Author: Antonella Mazzola
图片版权 Photo credits: Salem Mostefaoui,
Delfino Sisto Legnani and Marco Cappelletti,
Matthieu Salvaing, Michel Florent

意大利科尔特圣彼得酒店（Corte San Pietro）：追求真实

科尔特圣彼得酒店位于意大利马泰拉（Matera），这是一家具有温暖、热情的家庭氛围和很高服务水准的酒店，翻新重建的16世纪废弃建筑如今焕发出勃勃生机。

酒店的设计理念处处体现出对历史的尊重，通过削减冗余、拼凑和附加的楼层层数，进而将火山石和拱顶的原始砖石暴露在客人眼前，尽显历史的真实和本质。马泰拉位列耶利哥城（Jericho）和阿勒颇城（Aleppo）之后，是世界上第三古老的城市。费尔南多（Fernando）和玛丽莎·庞特（Marisa Ponte）在来自于马泰拉的设计师达尼埃拉·阿莫罗佐（Daniela Amoroso）的帮助下，修复了马泰拉里奥尼·萨西地区（Rioni Sassi）的这些原始建筑。整个项目的灵感来源于比利时收藏家和室内设计师阿塞尔·维伍德(Axel Vervoordt)和日本建筑设计师三木达郎（Tatsuro Miki）重新定义的"侘（Wabi）"精神。"侘"是一种追求简约、谦卑的风格理念，充分尊重时间对事物的作用，拒绝一切多余的事物，赋予残缺以价值。与所有分散式酒店一样，科尔特圣彼得酒店呈水平延伸，客房、接待区、早餐室分布在不同楼层。房间面对的庭院地面为修复的石灰岩，原被称作"chiancarele"。从B.Buozzi路伊始，客人仿佛进入私人住宅，而接待区优雅舒适，令人印象深刻。穿过球场，客人即可到达各个房间（每个房间都有

不同的地址号码，从20号的套房阁楼到16号的大套房）。客人首先进入生活休闲区，然后再进一步，客人会发现更多在岩石中挖掘出来的私密空间和卧室。穿过凝灰岩拱门，客人可以进入带有壁橱和空穴并配有大型石制浴缸和淋浴的浴室。家具都是对原有老物件的修复，极简至仅限必不可少。栗色长凳被改造成门、架子或桌子，旧椅子框架变成毛巾架，座椅和床头柜则用树干雕刻。所有的房间遵循

单色化，从米色石头到棕色的木头和耐候钢装饰，都以栗色色调为基础。灯光效果处理得很巧妙，强烈的光照打在手工打造的入口门，而卧室采用的是小窗户，光线与阴影交替，安详而自然。酒店下方原为供水系统的八个蓄水池即将被打造成水疗中心，让游客尽享马泰拉远祖们的内在幸福生活。

所有者 Owner: Fernando and Maria Ponte
室内设计 Interior design: Daniela Amoroso
装饰 Furnishings: antiques or salvaged pieces

· · · · · · · · ·

作者 Author: Francisco Marea
图片版权 Photo credits: courtesy of Corte San Pietro

© Hufton+Crow

酒店设计目的是创造一个"酒店+天堂"的度假模式，不仅能够满足孩子们的需求，也能够唤醒成年人内心童真的趣味性。

Modular sofa PENELOPE | Bookcase MINERVA

MisuraEmme®

交付成功的城市项目

伦敦斯坦霍普（Stanhope）拥有30多年的从业经验，是当地最具影响力的开发商和投资者之一。**首席执行官大卫·坎普**（**David Camp**）在谈到他投资开发的由国际知名设计师领衔设计的项目时，声称这些项目旨在满足客户的需求和梦想。

斯坦霍普在中央圣吉尔斯（Central Saint Giles）项目中和伦佐·皮亚诺（Renzo Piano）及弗莱彻（Fletcher Priest）建筑师事务所合作，在塞尔福里奇百货公司（Selfridges department store）翻新和重组项目中，和戴维·齐普菲尔德（David Chipperfield）和甘斯勒（Gensler）建筑师事务所合作，在彭博社新伦敦总部建设中，和福斯特建筑事务所（Fosters+Partners）合作。和国际知名荣誉等身的建筑师事务所合作是该公司的业界常态，斯坦霍普的首席执行官大卫·坎普解释说，无论打造住宅项目还是文化项目，要想成功，选择最好的合作伙伴非常重要，因为这会产生"正确的化学反应"。调研和团队合作是核心方法。"我们对开发项目的各个方面进行调研。包括确定增长点，了解使用人需求趋势，以及如何以最有效的方式交付项目。"

作者: Francesca Gugliotta
图片: courtesy of Stanhope, Nigel Young / Foster + Partners

左图：奇斯威克公园（Chiswick Park），罗杰斯·斯特克（Rogers Stirk Harbor）+ Partners

下图：彭博欧洲总部，Foster + Partners

请问，您能描述一下如何保证项目获得成功吗？

我们的经验是，与最优秀的设计师合作就可以创造出伟大的适合长期发展的建筑和公共领域。这些成果为那些在开发项目上工作、生活或只是参观开发项目的人创造了价值。此外，在技术和可持续性对建筑环境和居住者需求的影响方面，杰出的设计师往往具备更有前瞻性的眼界。我们认为每个项目都有差异性，所以必须从一块空白画布开始，通过分析该地区，包括现有的当地社区的需求和机会基础上，全面运用我们在过去30年间获得的经验和知识来构建蓝图。

如何与最好的国际设计师合作？

与英国和国际上最好的设计师合作会带来新想法新方法去应对不同项目带来的各种挑战，指望自己去应对这些挑战显然不切实际。我们坚信团队合作的力量，向团队提出具有挑战性的问题可以获得意想不到而又有价值的解决方案。想要满足投资者、政府、占有人和使用人的期望，我们必须是个坚强统一的团队，永远努力做到比"一切照旧"更好。

您是如何选择供应商和合作伙伴的？

我们会在聘请前了解这些领域中的企业和个人。对于我们来说，一个典型的项目从开始到完成会历时5年甚至更长的时间，因此把化学反应搞清楚就显得至关重要了。了解一个特定设计师的兴趣和优势会带来最好的结果。有时，我们会通过比赛遴选出实践经验并不丰富的设计师。大多数情况下，我们选择的只是我们认为对给定项目最有帮助的团队。

您既要对投资的地点和设计进行研究，还要对建筑物的使用和管理进行研究？

我们对发展的各个方面全面进行研究。确定增长点，了解使用人需求的趋势，如何以最有效的方式交付项目等等都是研究范围内的事情。调研是我们工作的一部分。很多想法都是与我们的专业团队和承包商合作进行的，不仅仅是设计师，还有我们的工程师、成本顾问以及供应链团队。承包商会好好分析如何以最佳方式按时交付项目、合理控制预算，同时还要满足严格的可持续性目标。我们还通过对已完成项目入住后的分析来了解我们哪些做法是正确的，哪些做法是可以改进的。

贵公司当前正在进行的最重要的开发项目是什么？

我们目前在白城的重建优化计划（White City Opportunity Area）中有两个相邻的项目，分别是与三井不动产株式会社（Mitsui Fudosan）和爱米科公司（AIMCo）合作。在这两个地点，我们将提供500万平方英尺用途广泛的居所空间。我们的项目是由AHMM建筑事务所和埃利斯·莫里森建筑事务所(Allies and Morrison)设计的，毗邻帝国理工学院新校区和欧洲最大的购物中心Westfield。现在的白城是伦敦一处重要的而且在不断发展的地区，乘坐发达的地铁，在15分钟内就可到达伦敦市中心。我

电视中心，前BBC电视总部，AHMM
Allford Hall Monaghan Morris

们的项目包括重新规划BBC电视台总部，BBC将继续在开发区内运营3个最先进的电视演播室、Soho House、一家酒店、餐厅、餐饮、休闲设施、健身房和高端精品电影院，还有950个新居和300万平方英尺的创意工作空间。目前在建的其他重要项目包括伦敦金融城的两座塔楼。其中，威尔金森·艾尔（Wilkinson Eyre）建筑师事务所设计的主教门6号（6 Bishopsgate）由三菱地产（Mitsubishi Estates）开发，位于50层，提供约60万平方英尺的工作空间，将吸引大量公司入驻。主教门1号广场（1 Bishopsgate Plaza）由PLP建筑师事务所设计，41层以上将提供160栋住宅和一个五星级酒店和舞厅。我们也很幸运地获得彭博社新伦敦总部的开发项目，这是一座由福斯特建筑师事务所设计的特色建筑。

接下来还会有什么开发项目呢?
就未来的项目而言，最重要的两个项目中，一个是大英图书馆二期的开发，毗邻国王十字车站（Kings Cross Station）；第二个是滑铁卢皇家街（Royal Street in Waterloo）附近的盖伊和圣托马斯医院

上图：白色城市广场，同盟和莫里森

下图：一个Bishopsgate广场，PLP建筑，Yabu Pushelberg和MSMR

(Guy's and St Thomas' Hospital) 合建项目。大英图书馆项目是与图书馆和三井不动产株式会社合作开发，由罗杰斯事务所 (Rogers Stirk Harbour) 负责设计。该项目将为大英图书馆提供新的住宅区和50万平方英尺的工作空间。该项目和克里克研究所 (Crick Institute)、图书馆以及阿兰·图灵研究所 (Alan Turing institute) 近在咫尺，因此，我们相信这将吸引从事生命科学的企业入驻，要知道，生命科学现在是伦敦一个主要的增长行业。我们在皇家街的项目是开发一处面积为200万平方英尺的大新区，毗邻圣托马斯医院，新区会特别吸引希望和医院及其研究相连接的从事医疗技术的机构。该项目是与医院信托基金 (Hospital Trust) 和Baupost对冲基金合作的。

伦敦哪些地区现在发展最快？

伦敦的主要增长点出现在伦敦市中心外围的地区，这些地区具备良好的连接性，可以提供很有价值的新区域。国王十字街和斯特拉特福德 (Stratford) 的成功发展已经充分说明了这一点，现在的白城地区、大象和城堡 (Elephant and Castle) 地区也有这种趋势。随着类似上面所说的主教门项目那种建筑变得越来越多，城市将不断扩展蚕食以前的边缘地带，而伦敦金融城也会再一次走向复兴。

说到住宅，不知会有什么趋势？

过去几年，伦敦的住宅过于雷同。近年来更成功的项目是那些设计精良，具有特定品牌和主题，经过深思熟虑，拥有便利设施并获得绿色证书的项目。我们发现，我们的电视中心 (Television Centre) 项目住宅格外富有吸引力，究其原因，是因为它拥有良好的历史传统，而且和英国广播公司BBC的历史及现在紧密相联有关。

您对室内设计有什么看法？

我们的经验是室内设计要简单，但细节一定要做到极致。确保设计能够真正和历史具有传承性。实际上外部设计也同等重要。在电视中心的室内装饰中，我们采用的部分内饰可见20世纪50年代某些设计经典特性。

中央圣吉尔斯，伦佐·皮亚诺建筑工作室和弗莱彻牧师建筑师

丰富的光色体

南京四方雅辰酒店（Artyzen Sifang Hotel）的室外设计由埃托·索特萨斯（Ettore Sottsass）操刀完成，室内则由赫希贝德纳酒店联合设计有限公司（HBA）设计，强烈的原色和明显的几何结构很好地结合在一起。

位于江苏省省会南京的老山国家森林公园群山环绕。中国国际建筑艺术实践展（CIPEA）的恢宏建筑群环湖矗立。本世纪初，国际知名的中外建筑师和创意人才受托汇集此地着手设计，形成当前由22栋建筑组成的建筑群。类似斯蒂文·霍尔（Steven Holl）、矶崎新（Arata Isozaki）、王澍（Wang Shu）、大卫·阿贾耶（David Adjaye）、艾未未（Ai Weiwei）、张雷（Zhanq Lei）、欧蒂娜·戴克（Odile Decq）这样的大家的作品渐次生动地展现在同一个建筑领域的空间里，其表达的超现实主义和反乌托邦命运的定型观念格格不入。其中一座建筑属于四方艺术集团的文化综合体，是HBA根据埃托·索特萨斯最新设计建造的酒店作品。这处封闭式建筑设计大胆，公共和私人空间齐全。几何结构的造型、大尺寸的扭曲走廊、包围房间的长而圆的墙壁、室内花园、色彩鲜明的休息区和健身区，张力十足，易于辨识，把意大利设计风格体现得淋漓尽致。有几面墙被分成不规则的网格，而暖白色的灰泥又宣示着它们的一致性。羊毛地毯的几何装饰图案和剪裁方式与地板间形成一种节奏感，简洁的单色多边形地毯设计精巧。家具既有设计大胆的当代作品，也有暖白色调的木质家具，色调既有亮色系，也有灰色系，而煞费苦心插入空间的饰件

有助于创造随机感。休闲中心现有22间客房，面积从43到79平方米不等。中心还拥有带有室内游泳池的水疗中心，一个健身房和一家位于大型平台上的酒吧，视觉上与四周的自然和谐一致。在自然光的影响下，衣柜、浴室（部分带有独立浴缸）和周围郁郁葱葱的景观的独特全景，使房间内呈亮色，空间表现尤为出色。

所有者/酒店运营商 Owner/Hotel operator:
Artyzen Hospitality Group
建筑设计 Architectural design:
Ettore Sottsass, Sottsass Associati
室内设计 Interior design:
Hirsch Bedner Associates (HBA)
照明顾问 Lighting Consultant:
Illuminate Lighting Design
家具供应商 Furniture supplier:
Gold Phoenix Furniture Group
石材 Stonework: Jiangsu Yuemei Stone
木材 Woodwork: Jiangsu Aiga Wood Industry
· · · · · · · ·
作者 Author: Antonella Mazzola
图片版权 Photo credits: Will Pryce

返航

标志性的环球航空公司飞行中心（TWA Flight Center）原是埃罗·沙里宁（Eero Saarinen）的新未来主义杰作，如今摇身一变，在纽约肯尼迪机场（JFK airport）重新焕发生机。现由美国最重要的酒店业主运营商之一MCR和MORSE Development合作运营。

这座曾被纽约州列为历史遗迹的航站楼在2001年因为无法应对日益增长的乘客数量和现代飞机的规模而关闭。18年后的今天，肯尼迪机场的环球航空公司飞行中心——这座由埃罗·沙里宁（Eero Saarinen）于20世纪60年代建造的未来派建筑——重获新生。从一开始，参与项目的各方，包括开发商MCR和MORSE，都坚决不同意毁坏这位芬兰裔美国建筑大师的遗产。这些公司包括美国BBB建筑设计与城市规划事务所（Beyer Blinder Belle Architects&Planners），主要负责对原建筑进行精巧的修复；卢巴诺·西亚瓦拉（Lubrano Ciavarra）建筑师事务所（Lubrano Ciavarra Architects)主要负责在沙里宁原设计两侧创建两个新楼体，包含酒店房间；斯通希尔·泰勒工作室（Stonehill Taylor）的设计师负责房间内部设计；INC建筑与设计公司（INC Architecture & Design)则重点负责设计以活动中心为主体的部分。沙里宁是美国最受欢迎的建筑师之一，而每个设计团体都愿为这位先锋设计师的未来主义愿景做出一份具体的贡献。TWA酒店的核心正是标志性的TWA飞行中心，大堂内部空间被沙里宁塑造成单一的曲线动态结构，包含6家餐厅、8个咖啡馆和形形色色的商店。这座由清水混凝土和玻璃构成的建筑，就像一只展翅的大鸟，线条流畅自然，见证着过往的繁华和现在的乐观。两个新建稍微凹进的"翅膀"内建有512个房间，不仅隔音，还

可以欣赏飞机跑道的景色，内部还有10,000平方米的全景天文台，屋顶上则有一个游泳池。为了保持沙里宁所设想的氛围，许多当年的细节得以保留，这样就可以让游客踏入室内的那一刻就真正投身于过去的时光。在壮观的休息区里有一处红色天鹅绒座椅区域吸引着人们的目光，游客可以尽情沐浴透过窗户洒入的阳光。这里所有的东西都是刻意复古的：从家具、员工制服到纪念品，包括意大利索拉里（Solari）公司的活动板，其最初形式被沙里宁设计的椭圆形外壳包围着，完全用波代诺内（Pordenone）省著名的斯皮林贝戈学派马赛克制造商制造的白色瓷砖覆盖。总部位于乌迪内的索拉里设计历史悠久，可以追溯到20世纪60年代，其设计确保酒店大厅的两个展厅是完全一致的。这次精心的翻新，除了由当时已经急于尝试整个建筑群整体设计的埃罗·沙里宁修复部分外，还包括了查尔斯·埃姆斯（Charles Eames）、雷蒙德·洛维（Raymond Loewy）和沃伦·普拉特纳（Warren Platner）的内部设计，以及地板修复和486扇窗户的镶板修缮，原来的窗户镶板现在已被复制品取

代。当然，客房内部设计也顾及到历史，每个细节都力求保持原有的真实情况：黄铜灯，沙里宁设计诺尔（Knoll）公司生产的家具（子宫椅、郁金香边桌、行政椅），胡桃木家具，老式旋转拨号电话等等。在白色走廊上铺上红色地毯则参考了TWA标志的原本色调组合。该设计还包括一家博物馆，就像原有的小配件一样，可以追溯航空公司的历史，里面还收藏了女乘务人员当时穿着的制服，以及飞机上的小玩意和物品。MCR和Morse Development公司的首席执行官兼执行合伙人泰勒·莫尔斯（Tyler Morse）说，"埃罗·沙里宁的航空大教堂一直着眼于未来——就像他致力于他的设计一样，我们修复并重新塑造了他的地标，从阿米什（Amish）工匠的木工作品，到独一无二的井盖上沙里宁自己的草图上的字体，我们没有忽略任何一个细节。从今天开始，世界可以在未来许多年里享受这个20世纪中叶的奇迹。"酒店现在成为肯尼迪机场内的一个支点，从所有航站楼乘坐航空列车或沙里宁设计的连接5号航站楼的原始乘客管道都能够轻松到达。

所有者/开发人员 Owner & Developer: MCR and Morse Development
建筑设计 Architecture: Beyer Blinder Belle Architects & Planners, Lubrano Ciavarra Architects, INC Architecture & Design
室内设计 Interior design: Stonehill Taylor
装饰 Furnishings: Herman Miller, Knoll

作者 Author: Manuela Di Mari
图片版权 Photo credits: TWA Hotel/David Mitchell, TWA Hotel, Christopher Payne/Esto

标准酒店（The Standard），
在伦敦的新住处

20世纪70年代的卡姆登市政厅（Camden Town Hall）华丽转身变成一家拥有266间客房，三家餐厅和360度城市景观的豪华酒店。

前卡姆登市政厅是一处始建于1974年俯瞰着国王十字火车站的野蛮主义建筑，如今，它被改建为一家拥有266间客房的豪华酒店。标准酒店是美国本土以外的第一家标准国际（Standard International）集团酒店，室内由Archer Humphryes建筑师事务所完成，室外则由Orms建筑师事务所打造，而标准酒店的御用设计师肖恩·豪斯曼（Shawn Hausman）与两家事务所进行了密切合作。奥姆斯(Orms)和大卫·阿切尔(David Archer)两位建筑师说："这座建筑的混凝土外墙保留20世纪70年代的原貌。以前作为卡姆登议会总部时，这里是办公大楼，还有部分公共空间。混凝土外墙是一系列预制板。这些预制板作为建筑结构的一部分，不仅有助于支撑楼板，而且可以减少内部柱的数量。这虽然使建筑和立面很难作出调整和改变，但设计团队非常喜欢这些具有雕塑特色的板材，因此对它们进行了清洗，并用新的高性能声学玻璃窗取代单层玻璃窗。"混凝土设备外壳已从屋顶拆除，并换成新的PVD涂层不锈钢和玻璃材料，共计3层。"我们还改造了南部的一个公共花园并重新对外开放，这也为酒吧、餐厅和当地人提供了一条新的公共通道以及户外空间。"标准酒店非常尊重卡姆登的历史，这一点既体现在政治元素上也体现在朋克摇滚乐队中，显示在建筑物正面的班克斯（Banksy）艺术品清楚地表明酒店与周围地区的和谐联系。内饰采用明亮的配色方案："内饰配色设计由肖恩·豪斯曼策划，深受1970年代建筑遗产以及伦敦一些标志性设计的影响，选择大胆而多样。外部红色电梯的颜色与沿尤斯顿路（Euston Road）行驶的

Routemaster双层巴士一致，许多内部建筑则借鉴
了伦敦地铁的设计。"266间客房定制了42种不同的
风格："受原有建筑模式的限制，许多房间的布局和
大小迥异。但这也为深度设计创造了机会，设计师既
可以设计出南北向宽敞的长房间，也可以设计出风景
迷人又有趣的边角房间，甚至设计出一些令人感觉舒
适和放松的中央无窗房间；还有一些较小的房间和较
大的套房。这意味着这里可以满足所有的个性化需
要。酒店顶部新扩建的房间通过运用橡木创造出成对
的背面色调，延伸到房间的屋顶露台上，而原建筑内
的房间具有1970年代风格和美学风格，保留了野蛮
主义建筑时期的时代特色。一楼以前归一个公共图
书馆所有："新图书馆和原图书馆虽然位置相同，
但它坐落在一楼中心位置，给人一种亲密而放松的
感觉，还有一位图书馆馆员来管理图书。整个空间都
是砖砌地板，储藏柜墙板大胆运用了蓝色和红色，富
有特色的墙毯、定制的明火和郁郁葱葱的绿植填充了
整个空间。"酒店还有一间名为Sounds Studio的
录音室："木制录音室位于一楼图书馆的一处独立空

间，它可以用于主持播客和采访，也可以用于音乐表演。"酒店有三家餐厅，一家名叫Double Standard，一家名为Isla，而10楼的Peter Sanchez Iglesias餐厅可360度欣赏伦敦美景。"Double Standard餐厅属于现代英国酒吧类型，提供一个非正式空间，在汤布里奇路（Tonbridge Walk）上；Isla更适合闺蜜亲人聚会，有凸起的露台，有双开门，南面通向新创建的花园。在顶层新的延伸部分，透过4.5米高的弧形玻璃窗，游客可以尽情俯瞰圣潘克拉斯（St Pancras）的美景。"

所有者/开发人员 Owner & Developer: Crosstree
总承办商 Main Contractor: McLaren
酒店运营商 Hotel operator: Standard Hotels
建筑设计 Architecture: ORMS
室内设计师 Interiors Architect: Archer Humphryes
室内设计 Interior design: Shawn Hausman
照明设计 Lighting design: Isometrix & LightIQ
景观设计 Landscape design: Shawn Hausman
装饰 Furnishings: AT Cronin,
Distinction Hospitality, Nova Interiors
照明 Lighting: Custom lighting in collaboration with
Kalmar; Variety of vintage lighting all restored
by Dernier & Hamlyn; LightIQ
浴室 Bathrooms: Vola, Zucchetti
地毯 Carpets: Alarwool, Ice International,
Shawn Hausman in collaboration with GTF
窗帘/织物/合作产品 Curtains, Fabrics & Finishings:
Concept Contract
. . . .
作者 *Francesca Gugliotta*
图片版权 *Tim Charles, David Cleveland*

梦回往昔，
引领未来

让·努维尔（Jean Nouvel）**设计的卡塔尔国家博物馆**（National Museum of Qatar）没有垂直线条，大小不同的圆片相互交叉的形态就像沙漠玫瑰的剑形花瓣相互咬合的图案。国家博物馆位于多哈（Doha），将过去和未来联系起来，把一个国家的故事娓娓道来。

法国建筑师让·努维尔（Jean Nouvel）说："沙漠玫瑰是大自然自己创造的第一个建筑结构，它是风、水、沙相互作用的产物，历经数千年而不衰。"要达到这一效果，让·努维尔面临许多技术上甚至科技上的挑战。博物馆占地33,618平方米，11个陈列展馆自阿卜杜拉·本·贾西姆·阿勒萨尼（Sheikh Abdullah bin Jassim Al Thani）宫殿开始的椭圆形通道依次排列。卡塔尔历史上发生过三大事件。第一件事可以追溯到罗马时代，与珍珠捕捞和贸易有关；第二件事则是第二次世界大战后，与石油的发现有关；二战结束20年后，又发现了天然气储量。卡塔尔国家博物馆（NMoQ）很好地反映了这三大时刻，各个展馆分别讲述了半岛的历史和居民在海岸和沙漠的生活方式，还介绍了珍珠产业以及一个在教育、通信和能源技术领域处于领先地位的国家的力量。这座建筑长350米，由539块钢筋混凝土圆盘组成，上面覆盖着14至87米不同直径的沙色玻璃纤维，这些圆盘交

所有者 Client: Qatar Museums
建筑设计 Architecture: Jean Nouvel
(Ateliers Jean Nouvel)
景观设计 Landscape design: Michel Desvigne
景观工程 Landscape engineering: Aecom
工程师 Engineers: Arup London
注册建筑师 Architect of record: QDC
道路设计 Roads design: Aecom & Parsons
博物馆学 Museography: Renaud Pierard
布景 Scenography: Ducks Scéno (Michel Cova)
立面工程 Facades: BCS & Ingphi
照明设计 Lighting design: Licht Kunst Licht,
L'Observatoire International
Hervé Descottes, Scherler
声学 Acoustics: Avel Acoustique
标牌 Signage: Pentagram-London
博物馆技术多媒体 Museographic multimedia:
Ducks Scéno, Labeyrie & associés, Immersive
电影顾问 Film consultant: Pierre Edelman
遗产顾问 Heritage consultant: Mohammed Ali Abdulla
. . . .
作者 Author: Francisco Marea
图片版权 Photo credits: Iwan Baan, Danica O. Kus

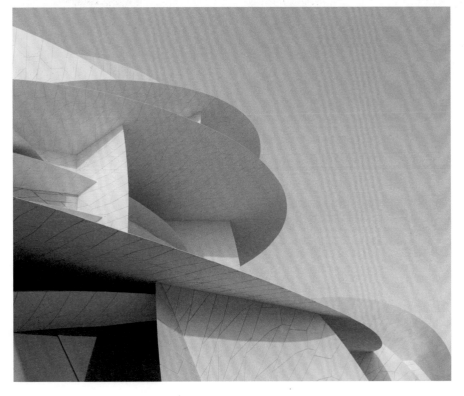

叉在一起，形成悬臂结构，创造出迷人的光影图像。游客会发现房间内不存在垂直线条。这种对斜面的热爱源于让·努维尔与法国建筑师和理论家克劳德·巴赫（Claude Parent）之间的合作，后者是一位坚定的斜线条信徒，致力于彻底打破更传统建筑的空间坐标。因此在博物馆内部，游客在约两个小时的参观旅程中可见倾斜的表面产生越来越大的张力，最后在修复后的皇宫终结，从这里游客可以到达一个叫作巴拉哈（Baraha）的庭院。永久展区占地7000平方米，用于临时展览的展区占地1700平方米，还有一个包括213个座位的礼堂，以及各种修复和保护工作室。博物馆还包括办公区、两个咖啡馆和一个全景餐厅。该建筑群也具备大篷车的结构，里面有个可以举办户外活动、表演和展览的庭院。玫瑰的"花瓣"自然遮阳，可以抵御炎热的气候，创造阴凉的空间。设计师对内部结构如何适应气候也进行了充分考虑，室内很少有开口，罕见的窗户也被向后倾斜，以防止直接暴露在阳光下。这些措施可以保证内部空调的使用更加经济。博物馆外围是具有典型卡塔尔景观的公园，有沙丘、盐碱沙地花园、人工潟湖和绿洲。公园中除了当地的植物和树木，还有一个传统物种的历史花园、大片的草地和一个可容纳430辆汽车的停车场，与花园很好地结合在一起。

舒适的社交空间

在设计埃及开罗美国大学（American University）新的塔里尔（Tahrir）自助餐厅时，风格设计建筑师事务所（Style Design Architects）将动态、多彩和可持续特质融为一体。这不但是全面更新计划的一部分，而且正逢学校一百周年校庆，可谓恰如其时。

开罗的美国大学（AUC）以其在国际上的卓越成就而闻名。建立新的社交空间不仅提升了学校地位，而且可以更好地发挥多功能文化中心的作用。塔里尔自助餐厅的对外营业创造出非正式社交场所，活跃的建筑空间将原始建筑与非常现代的意大利"幻想"风格相辅相成。设计师使用新的白木板材覆盖旧石墙的下部，并运用经过磨砂处理的意大利Pedrali品牌桌椅设定空间，这种配置不仅保证了舒适性和可持续性，而且与一系列卵形拱门形成了对比，令人赏心悦目。设计师使用极简的管状悬吊灯进一步增强了高天花板的空间性，而位于餐厅中央的Arki桌子桌面超薄，线性绵长，反映

所有者 Owner: American University (AUC)
室内设计 Interior design: Style Design Architects
装饰 Furnishings: Pedrali
· · · · · · · ·
作者 Author: Antonella Mazzola
图片版权 Photo credits: courtesy of Pedrali

出室内装饰的愉悦特征。桌子的结构和色彩严谨，与Fox扶手椅的砂色和浅蓝色聚丙烯外壳以及烟熏蓝椅腿轮廓和谐并置。人们可以在这里愉快地进行社交。意大利CMP建筑师事务所(CMP Design)设计的Nym椅子和高腿凳以及水平镶板、靠墙长凳和台面使用的材质都是木材。温莎椅的拱形木椅背和实木座椅完美对接，很有现代感。更轻巧但同样富有表现力的马尔默（Malmö）扶手椅和Lunar桌与Intrigo椅子和Babila吧椅相连，尽显社交的轻松愉快。

现代神秘气氛

奥古斯特酒店（August）是文森特·范·杜伊森（Vincent Van Duysen）设计的新酒店综合体，由位于比利时安特卫普（Antwerp）前军事医院内的五座不同建筑组合而成，通过与卡勒鲍特建筑师事务所（Callebaut Architects）的合作，经过精心修复，重新改造、更新完成。

安特卫普以钻石贸易中心闻名于世。近年来，对巴洛克风格和动态视野的关注，加之大胆前卫的设计，该城市在建筑层面也声名鹊起。扎伦堡区（Zurenborg）建筑遗产复兴后的室内设计项目通过各种形式的创意和转型改造很好地反映出这一点。该地区名为格伦·夸蒂尔（Groen Kwartier），字面意思是"绿茵场"，也是这个城市的最新热点。曾有一家大型军事医院隐于高高的砖墙后，里面有彼时的建筑、教堂和回廊。这

些设施逐渐废弃后被改造成一处城市住宅绿洲，充满了创新和创意，同时也是文森特·范·伊森设计的酒店综合体。酒店名称为奥古斯特，由五个不同的相互连接的建筑组成，包括酒店、酒吧、餐厅、健身中心和精品商店。44个客房中的大部分、令人身心放松的图书馆和餐厅由19世纪的奥古斯丁（Augustinian）修道院改造而成，餐厅主管是米其林餐厅主厨尼克·布里尔(Nick Bril)，他同时负责附近的"简"餐厅（The Jane）。以前供修女们祷告的私人小教堂

所有者 Owner: Mouche Van Hool, Laurent De Scheemaecker
酒店运营商 Hotel operator: August
建筑设计 Architecture: Vincent Van Duysen Architects
室内设计 Interior design: Vincent Van Duysen in collaboration with Callebaut Architecten
景观设计 Landscape design: Wirtz International Landscape Architects
装饰 Furnishings: Molteni & C, Nijboer, Serax
餐具 Tableware: Serax
灯光 Lighting: Flos
地毯 Carpets: made to measure by Ferreira de Sá
艺术作品 Art work: Peter Seal
工作人员制服 Staff uniforms: Christian Wijnants
· · · · · · · ·
作者 Antonella Mazzola
图片版权 Robert Rieger

改造成一个带有酒吧的休息区，而相邻的冬季花园则包含一个带玻璃屋顶的餐厅。一对连栋房屋被改造成温泉浴场，客人还可以去小湖泊游泳沐浴。老宅被赋予了新的情感和崭新的功能，营造出一种特有的神秘气氛，具有不可或缺的美感。从修道院式的简约阁楼客房到"现代圣殿"的酒吧都融合了黑白新光源，把传统与现代结合得浑然一体。外观改造显得比较保守，保留了典型的红色弗拉芒（Flemish）硬砖，但室内采用了Flos照明设备和文森特·范·杜伊森与Molteni&C公司合作设计的家具，很好体现了历史和现代的碰撞。墙壁的装饰性饰条，重现昔日辉煌的丰富的地板图案还有接待区的青黑色极简主义沙龙相辅相成；小礼拜堂的拱形天花板涂成黑色，深色木镶板衬托出的灰色和米色保罗（Paul）系列沙发置于中堂。原祭坛位置被柜台取代，打上了阿道夫·路斯（Adolf Loos）的标志性台灯的灯光。而原风琴和唱诗班席的位置改造出一个更加私密的休息区。客房也采用了类似的改造手法。限于场地的特点，客房均有所不同，但白木定制家具，手工制作的葡萄牙地毯和Flos照明根据文森特·范·杜伊森的设计制作的技术高超的合成定制灯具，很好地保证了舒适度。

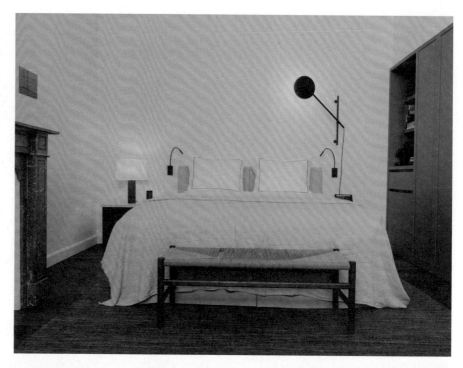

在不断变化的维也纳架起城市时代的桥梁

维也纳美景宫安达仕酒店（Andaz Vienna Am Belvedere）采用叙事式设计，把维也纳的过往和新开发的美景宫区（Quartier Belvedere）的未来很好地结合在一起。

维也纳美景宫安达仕酒店位于维也纳中央站（Wien Hauptbahnhof）附近，该区域一直在不断发展变化，而酒店巧妙地将过往和现在联结起来。该酒店是新美景宫区重要的组成部分，由国际知名的皮亚诺建筑工作室（Renzo Piano Building Workshop）设计完成，其内部采用见证城市历史的镜头。2014年，酒店所在区域完成了大规模的重新开发，之后，附近的商业、住宅和酒店项目陆续快速发展。酒店附近是美景宫（Belvedere Palace）建筑群，还有位于18世纪标志性巴洛克建筑背后的维也纳最受欢迎景点之一的欧根亲王（Prince Eugene of Savoy，1663-1736）塑像，这都激发了克劳迪奥·卡博尼（Claudio Carbone）和加布里

埃尔·卡瑟罗夫斯基（Gabriel Kacerovsky）两位室内设计师的创作灵感。酒店于2019年4月开业，位于最近完工的贝尔维德公园公寓（Parkapartments Am Belvedere）旁。皮亚诺建筑工作室是普利兹克建筑奖的得主，342套豪华单元的住宅综合体也是由其设计，开发商则是奥地利西格纳（SIGNA）地产公司。叙事式设计颇具吸引力，贯穿了酒店的公共空间和303间客房，很好地平衡了精品酒店的现代魅力和传统酒店的舒适感。酒店由两处楼体组成，由细长的系列立柱支撑，并通过钢材和玻璃过道连接，引人注目。作为基础的酒店大堂、餐厅和休息室位于低层。酒店有两个餐厅，分别为玉静21（Eugen21）和骑行者咖啡馆（Cyclist Cafe），16楼屋顶则是天空

酒吧（Skybar）。玉静21餐厅配有柔软的长沙发、浅绿色的墙壁、深色木以及一系列混搭座椅。这些座椅是迈克尔·索耐特（Michael Thonet）和其他名家设计师的标志性作品，很好地体现了维也纳的咖啡馆文化。这些元素与酒店的当代建筑和材料相得益彰。大堂后部的中央浮动楼梯下是迎宾鸡尾酒酒廊。可供大型聚会和商务会议使用的空间达2200平方米，设施先进。酒店还配有温泉和健身中心。客房套房总计44间，均采用落地窗设计，可俯瞰施魏策尔植物园（Schweizergarten）、火车站（Hauptbahn-

所有者 Owner: SIGNA Group (apartments), SIGNA Group and Hyatt Group (hotel)
开发人员 Developer: SIGNA Real Estate Management
酒店运营商 Hotel operator: Hyatt Group
建筑设计 Architecture: Renzo Piano Building Workshop with NMPB Architekten
顾问 Consultants: Adenbeck (MEP), Bollinger + Grohmann (structure), Pfeiler (façade)
室内设计 Interior design: Carbone Interior Design, Carbone & Kacerovsky
照明设计 Lighting design: podpod design
景观设计 Landscape design: 3:0 Landschaftsarchitektur
装饰 Furnishings: on design by Robert Wolte & Partner (Erlacher), Kettal, Moroso, MQ, Teckell
灯光 Lighting: on design (Niefergall Leuchten Manufaktur), Flos, Foscarini, Oluce
浴室 Bathrooms: Dornbracht, FIR, Geberit, Toto
窗帘/织物 Curtains and Fabrics: on design by Robert Wolte & Partner

· · · · · · · · ·

作者 Author: Jessica Ritz
图片版权 Photo credits: Michel Denancé

hof）、美景宫区（Quartier Belvedere）和维也纳第三区的其他开发项目（由尖端的公共补贴住房区组成的Sonnwendviertel景观社区也位于附近）。精心设计的高科技、可定制但操作直观的照明设备，不仅给客人带来很强烈的安全感，同时又可让客人尽情体验诠释得很有趣味的维也纳史。人字形木地板和蚀刻镜子与整个结构的玻璃和钢材形成强烈对比，而折中

的艺术和酒店的品牌配件又让人联想起欧根亲王。安装在定制床上的面板或嵌入式面板中镶嵌有上自大师级人物下到印象派画家的绘画作品。宽敞的大理石浴室既实用又豪华，开合式面板关闭后即可获得完全的隐私感。客房还会让人联想起维也纳最重要的一位人物：西格蒙德·弗洛伊德（Sigmund Freud）。依其形象制作的大衣和毛巾钩让人浮想联翩。

重新翻修的自然生物多样性中心拥有4200万件物品，9个展厅、研究设施和实验室相互连接，结构宏伟。使用专门开发的建造技术，由手工打磨的混凝土和白色小颗粒大理石骨料的定制混合物模制而成的

"芝麻概念项目是矗立在沙漠中的一块孤零零的巨石。立面上切分而开的石门充满着神秘感，但同时却包含家庭生活的基本元素。这是光与影的庇护所，无论在哪个角度都无法直视外部：是适合访客在浩瀚空间进行反省冥想的所在。"

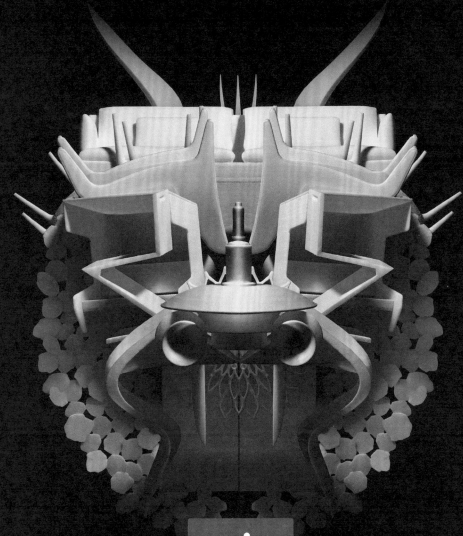

design
SHANGHAI
设计上海

精彩照片 WONDER. 上海 | 思南书局诗歌店 | 吴托邦建筑设计工作室（WUTOPIA LAB）

诗歌店以"教堂中的教堂（church in church）"为设计理念，在圣尼古拉斯教堂（St. Nicholas Church）旧址上耗费45吨钢铁并在窗户上使用蓝色贴膜打造出上海最大的专业诗歌书店。

精选内容
Monitor

南非桑顿（SANDTON）| EMBASSY TOWERS公寓 | PORADA家具

Embassy Towers公寓大楼位于桑顿市中心的帝国广场（Empire Place Sandhurst）175号，楼顶公寓的室内设计单位是玛哈艺术与室内设计公司（Mêha Art & Interiors）。尖端技术打造的实用性把房间内打造得优雅而诱人，让人心驰神往。卧室的图案和构成虽然相似，但设计和颜色有所不同：男卧采用鲜艳的棕色，女卧则采用素净而强烈的橙色。双人客厅和卧室主要采用具有丰富木质色调和精致线条并结合精美面料和大理石的意大利Porada高端家具。客人在此可以感受Porada旗下的Quadrifoglio餐桌、Trittico圆桌，Argo模块化沙发、Killian双人床和Ziggy床，以及使用北美胡桃木制作带牛皮背的Vera扶手椅和脚凳等家居产品。

马尔代夫港丽岛（RANGALI ISLAND）
THE MURAKA海底酒店 | 米洛提（MINOTTI）家具

康莱德马尔代夫港丽岛的The Muraka是一座独特的居所，它是全球首家覆盖印度洋海面上下的宅邸，是当代设计和技术的完美结合，由Crown Company Pvt Ltd私人有限责任公司的艾哈迈德·萨利姆（Ahmed Saleem）、来自纽约YYA PLLC建筑事务所的山崎裕二(Yuji Yamazaki)和来自迈克·J.墨菲有限公司（M.J.Murphy Ltd）的水族馆技术专家迈克·J.墨菲构思设计。The Muraka在当地语言中寓意为"珊瑚。水上层包括两间卧室、两间浴室、起居室和餐厅。客人还可以在休闲露台上的无边泳池里肆意畅游或在全景码头上观日出日落，赏蔚蓝海景。在5米深水下层的全玻璃酒店房间里，客人能够观赏到180度全景，令人叹为观止。与之相邻的区域是优雅的会话区，摆放着一对Portofino扶手椅和一张Benson边几。米洛提系列家具用来装饰上层空间。带落地窗的起居室不仅宽敞，而且拥有极丰富的采光，此处选用了两套Powell座椅系统，并搭配几把Quinn扶手椅和一系列Cernobbio咖啡桌。吧台配以Aston高凳，另一边餐区则搭配Leslie餐椅，为餐厅平添一份魅力。在主卧室，Creed睡床搭配一对Creed Small扶手椅和Kitaj咖啡桌，还有一张Prince Cord室内扶手椅。在户外露天区域，超大的Florida座椅系统颇为吸睛。

图片 © 由在康莱德马尔代夫港丽岛工作的贾斯汀·尼古拉斯（Justin Nicholas）供稿

泰国曼谷|流行品牌（FASHION BRANDS）| CAIMI EXPORT

流行品牌是曼谷一家新的豪华精品店，采用专门订制的镂空骨架化（Skeleton）系统设计。店铺的创建与设计由暹罗设计事务所（Siam Design Architect）掌门人索菲亚·爱普（Sofia Apple）操刀，就像专门定制的连衣裙一般的衣柜和家具细节代表了骨架化定制的专业性和良好服务。独创尖端的解决方案、精致的店门以及内部装潢、优化合理的内部空间，特点突出。丰富的结构要素和配件保证了店内物品的安全性和整洁性，而对隐性细节的痴迷，不仅使骨架式衣柜显得与众不同，而且把一切都烘托得高贵典雅，卓尔不凡。

维也纳 | 金巴利酒吧（BAR CAMPARI）
卡西纳（CASSINA）

维也纳的金巴利酒吧活力四射，设计风格明快跳跃。马蒂奥·图恩（Matteo Thun）的设计保留了艺术家福图纳托·德佩罗（Fortunato Depero）在20世纪20年代设计的未来派图形，家具使用的是意大利卡西纳（Cassina）。该酒吧分为两层，吧台用木材打造，配有黄铜装饰和精心布置的照明，环境优雅大气。室内充满活力，鲜红色、灰黑色和乳白色的卡西纳桌椅以及带几何图案的木地板个性十足，装饰德佩罗印花图案的马赛克墙充满了艺术气息。一楼的Accademia是举办独特主题活动的理想场所。

纽约 | 五零三股份有限公司（FIFTYTHREE INC.）| 福拉斯弗姆（FLEXFORM）家具

五零三股份有限公司由菲耶罗工作室（Studio Fiero）（前身为+ADD公司）设计，是一处结合了工作空间、图书馆、家和森林的创新空间。它位于哈德逊街60号原名西联大厦，由拉尔夫·沃克（Ralph Walker）于1928-1930年设计建造的全街区电信大楼里。1991年，这座建筑内外都被认定为纽约市地标性建筑。现办公空间采用促进团队坦诚沟通团结协作的开放式格局。空间中心的木平台由一个高架空间组成，具有聚集人的功能，但也因为它们被高架，所以可以从不同的角度进行观望。空间简单，变化有序。材料选择颇具匠心：胡桃木、黑钢片、玻璃、混凝土，辅以大理石，功能完善实用。娱乐休闲区安置着意大利设计师安东尼奥·西特里奥（Antonio Citterio）设计的Feel Good沙发，座位宽敞大气，工作人员可以在紧张工作之余获得片刻放松和休闲。大理石桌面FLY咖啡桌把整个装饰划上圆满的句号。

米兰 | IYO AALTO日式餐厅 | 意大利波利弗姆合同部（POLIFORM CONTRACT）家具

IYO Aalto是意大利设计师毛里齐奥·莱（Maurizio Lai）为IYO集团设计的第二家餐厅，项目中注入日本的现代理念。设计清晰简约纯真，远离日式餐厅惯有的刻板印象。传统元素被现代和纯粹的设计语言所取代。IYO Aalto的环境设计精益求精，不仅给客人带来东京传统的专属寿司Banco大厅所谓的江户前寿司（Edomae zushi）文化，而且还可以在优雅的Gourmet Restaurant餐厅享受无限量的现代美食。320平方米的空间配有宽敞的开放式厨房、酒窖、独特的Sushi Banco和Gourmet Restaurant餐厅。家具是与意大利波利弗姆合同部合作根据要求量身定制，可谓是建筑师和意大利品牌之间特殊关系的生动例证。使用胡桃木、斑岩、黄铜、皮革等天然材料制成的家具结合了先进的技术元素。

图片 © 版权归安德里亚·玛蒂拉多娜（Andrea Martiradonna）所有

瑞士吉维斯（GIVISIEZ）| SCOTT SPORTS新总部
ALIAS家具

Scott Sports公司是瑞士一家生产自行车、冬季装备、摩托车和运动装备的体育用品制造商，该公司与Alias家具公司建立了很好的合作伙伴关系，其在吉维斯新总部的家具均由Alias提供。在面积约4000平方米的未来主义建筑中的办公室、餐厅和礼堂以及50个会议室和其他空间配备的都是Alias产品。办公楼层采用了Rollingframe+带滚轮的移动座椅和Landscape Essential办公桌。会谈室采用模块化的空间设计，比如，Slim室的座位和伦敦设计师西蒙·彭格利（Simon Pengelly）设计的Landscape办公桌可以随机组装。会议室中使用的是轻型Frame座椅，也有Bigframe版本，可以随时堆叠，节省空间。

图片 © 西蒙·里克林Simon Ricklin

ﻓﻴﻔﺘﻲ ﻭﻥ ﺇﻳﺴﺖ
ﺍﻷﺣﺬﻳﺔ ﻭﺍﻟﺤﻘﺎﺋﺐ

多哈｜51东鞋包空间（FIFTY ONE EAST SHOES & BAGS）｜依古姿妮（IGUZZINI）ILLUMINAZIONE灯具

光与影交织、映像与半透明表面交融、硬材与软装交替，这是顾客步入多哈51东鞋包空间的切身感受。该空间位于Lagoona购物中心的一楼接待台后身，色彩斑斓，格外醒目。主设计多巴斯（Dobas）工作室将1000平方米的空间细节做了精心设计，合作的纺织品设计师是克劳迪娅·卡维泽（Claudia Cavieze），并由依古姿妮（iGuzzini）灯具渲染明亮氛围。内置式Reflex灯具的光学效果和亮度产生不断变化，营造出不同的光区，赋予店内活泼气氛的同时又伴有安静的区域，成为客人体验愉快购物的理想选择。使用的线路是Reflex CoB（LED板上芯片），具有固定式或可调式内置单元，中度泛光灯和投光灯光学部件，所有线路共享3000 K和ICR 90的色温。

图片 © Dow 摄影师

克罗地亚罗维尼（ROVINJ）| 罗威尼大公园酒店（GRAND PARK HOTEL ROVINJ）| PORRO家具

罗威尼大公园酒店由意大利著名设计师皮埃尔·里梭尼（Piero Lissoni）与克罗地亚3LHD工作室合作设计，共有六层。酒店正对着圣凯瑟琳岛（Saint Catherine），地理位置优越。Porro家具的简洁几何体、优雅的饰面和工艺细节把日间和夜晚活动区进行了很合理的装饰。Viva Eufemia大堂吧使用的Fractal桌采用黑色镀铝结构，桌面采用坚固的黑色漆，独特又时尚。在Cap Aureo Signature Restaurant餐厅，黑灰色的Neve牛皮椅庄重高雅。套房储物柜使用Mongoy木制作，而面向大海的休息区配备的是蒂勒（Tiller）桉木餐柜。套房交替使用古色古香的Metallico红色桌子或Minimo Light铁杉木模块桌子，Boxes衣柜正面和抽屉是硫黄色背漆玻璃，与内部的桉木和染色黑杉木Groove长凳形成鲜明的对比。

//

图片 © 由罗威尼大公园酒店梅斯特（Maistra）供稿

意大利米兰 | SPICA RESTAURANT餐厅 维诗康（VESCOM）

在米兰Via Melzo 9街现以威尼斯门（Porta Venezia）片区新美食街闻名的区域有家Spica Restaurant餐厅，由来自印度的知名厨师里图·达尔米娅（Ritu Dalmia）和意大利米其林大厨薇薇安娜·瓦雷泽（Viviana Varese）联袂经营，主打专门针对年轻人的当代美食。该餐厅由意大利Vudafieri-Saverino Partners建筑师事务所设计，现代国际文化和米兰设计大师的美学互为水乳，融为一体。在丝绸效果基础上采用数字叠加+打印技术制成的维斯康彩色壁纸特别吸人眼球。彩钻或圆点荧光几何图案把亚洲文化和米兰设计的融合意味表现得酣畅淋漓。7种维诗康+打印（Vescom+Print）类型产品装饰着自入口到酒廊，再深入到餐厅的整个场景，惊艳而统一。

图片 © Nathalie Krag

LE COUCOU 酒店 | 法国梅里贝尔（MÉRIBEL）| ETHIMO户外家具

Le Coucou酒店位于梅里贝尔的山坡上，是一座经典的现代彩色阿尔卑斯小木屋。设计师皮埃尔·约瓦诺维奇（Pierre Yovanovitch）设计打造的55间客房中，有39间是套房，还有两个大型独立木屋，两个餐厅，一个水疗中心、健身中心等完备的设施。室内室外两个游泳池完全平齐，在平缓的梯田地形上给人一种接近于真实透视感的视觉错觉。宽敞的室内空间采用浅木的高天花板，将复古元素与创新、几何顺序和工艺缺陷完美结合。水疗中心的沙滩床和户外家具是意大利知名户外品牌Ethimo。该品牌采用马蒂奥·图恩（Matteo Thun）和安东尼奥·罗德里格兹（Antonio Rodriguez）创作的Allaperto系列的格子图案取代了传统的红白格子图案，可谓对"阿尔卑斯山规范"进行了重塑。

图片 © 杰罗姆·加兰（Jerome Galland）

狂野酒店（THE WILD HOTEL）
米克诺斯（MYKONOS）| BAXTER家具

从无边泳池到私人海滩，从健身房到套房，无不融合奢华与真实的细节，"简单、原始、美丽、狂野"，令人放松、难以割舍。狂野酒店由亚历山德罗斯（Alexandros）和菲利普斯·瓦尔维里斯（Filipos Varveris）与索非娅（Sofia）和玛蒂娜·卡拉瓦斯（Matina Karavas）共同设计。酒店似乎生于巉岩，室内和室外空间采用颇具基克拉迪群岛（Cyclades）特色的竹子和木材等自然材料制成少量家具，灰色、土黄色、深绿色、蓝色等色彩也很好地体现了地域风格。意大利当代设计教母保拉·娜沃尼（Paola Navone）设计的Baxter Open Air系列，糅合了软皮和铜、马尼拉藤等材料，打造出户外生活的现代时尚。

图片 © Christopher Kennedy, George Kordakis

维罗纳 | 莱昂奥罗（LEON D'ORO）酒店
WALLPEPPER®壁纸集团

维罗纳的莱昂奥罗酒店具有独特的风格和极佳的隐私性。从客房到餐厅，从大厅到冬季花园，所有空间设计都以保证客人的满意度和幸福感为第一要务。其中，声学舒适性成为决定性因素之一。这一切都要归功于具有装饰性强而且性能出色的壁纸领先品牌WallPepper®吸音隔音壁纸。酒店的天花板或墙壁完全采用WallPepper®隔音壁纸，定制图案与酒店装饰颇相匹配，创新材料在防止声波传播方面表现上乘，显著降低了外部噪音和内部发出的声音。

吉隆坡 | ***ALILA BANGSAR*** 酒店 | 星创（**STELLAR WORKS**）

Alila Bangsar酒店由如恩设计研究室（Neri&Hu Design and Research Office）设计。客人可以莅临位于41层的Pacific Standard Bar酒吧，在浓浓的复古氛围中，伴着夕阳，啜饮一杯Morgan's Mule、Sunset Swizzle或是 Old Fruit Fashioned鸡尾酒，坐拥完美都市人生。新建大楼位于吉隆坡的一个新兴区，酒店则占据新大楼底部一层和顶部8层的优越位置，有5层客房和3层公共设施。由柱和梁组成的规则网格构成的三层外部庭院是整个建筑的焦点。庭院的两个上层包括餐厅、鸡尾酒吧和室外酒吧。镀金和绿色大理石墙壁装饰的Pacific Standard Bar酒吧配备由如恩设计研究室两位创始人倾力设计打造的星创Utility系列产品。该系列适合高端酒店和住宅居家等各种环境。精致的座椅和酒吧凳采用木材和皮革等奢华材料，线条优美典雅。

图片 © Pedro Pegenaute

伦敦 | 塔桥一号（ONE TOWER BRIDGE）| 国际厨房家具展施耐德洛（EUROCUCINA SNAIDERO）橱柜

Berkeley Homes公司开发的塔桥一号毗邻伦敦一级保护建筑伦敦塔桥，由英国的Squire and Partners建筑师事务所设计建造，成为伦敦当代建筑和泰晤士河畔码头仓库区之间的永久连接体。设计构思精巧，充分考量了文化、休闲、餐饮和商业用途以及新的公共空间之间的关系，把酒店和住宅完美融合为一体。位于中央景观广场内的The Tower是幢20层高的细长"钟楼"，每层为一间公寓，顶部配有玻璃花园露台。183间施耐德洛定制厨房通过搭配不同的元素、成分、配件和饰面，形成多种设计方案，实现了每处住宅的完全个性化。

达斯火绒草度假酒店（DAS EDELWEISS MOUNTAIN RESORT）| 萨尔茨堡 | ATLAS CONCORDE瓷砖

达斯火绒草度假酒店距离萨尔茨堡几千米之遥，被格罗萨尔山峰环绕，是一个健身和奢华的绿洲，恰似一件艺术品，欢迎八方来客。室内和室外的众多区域选用了意大利Atlas Concorde瓷砖。露台、浴室和餐厅区域的细节处理相当完善，天然石材生动的色调和微妙的差别营造出自然温暖的氛围，给人留下深刻的印象。对原木类别和天然木材不规则性的准确解读把整体效果塑造得个性鲜明。

阿联酋迪拜 | 棕榈岛亚特兰蒂斯度假酒店
（ATLANTIS THE PALM）| 捷克宝仕奥莎
（PRECIOSA）

宝仕奥莎设计师Petr Kořínek和Anežka Závadová联袂赫希贝德纳联合设计顾问公司（迪拜）（HBA Dubai）和总部位于英国伦敦的Allen Architecture Interiors Design建筑师事务所的设计师，充分运用技术和装饰技巧，把翻新后的亚特兰蒂斯度假酒店装扮得美轮美奂，华丽转身，仿佛成为焕然一新的艺术画廊。宝仕奥莎的灯光设计共有7处。供应咖啡和茶水的柏拉图大堂吧矗立着大约由35000颗三种蓝色调使用切割工艺的珠子材料打造的"螺旋贝壳"，让人联想起磅礴的大海，蔚为壮观。Ossiano水下酒吧和餐厅（Ossiano Underwater Bar & Restaurant）的中央吊灯也是由宝仕奥莎设计，熠熠生辉的装饰主题也与海洋生物有关，令人印象深刻。宝仕奥莎的每一处设计都充满雕塑感，其旗下安装在酒店内的Muutos（变化）系列具有同样的感觉，内敛而现代。专业的设计、浓重的装饰感、高超的技术、顶级的人力资源：这就是宝仕奥莎成功的秘诀。

英国伦敦 | THE MAKERS | LEMA家具

The Makers是由开发商Londonewcastle创建的新住宅综合体，坐落于伦敦充满活力和创意的肖尔迪奇（Shoreditch）。楼盘所采用的家具品牌是意大利Lema，风格精致，品质卓越。Lema UK装饰了一套样品公寓，并为制造商提供所有定制衣柜。该楼盘共两栋建筑，其中一栋高28层。175套公寓中包括单间公寓，二居室和三居室以及复式公寓，总计提供42种不同的布局。内饰全部量身定做：Lema的设计由位于切尔西国王路（King's Road）的旗舰店打造，为新业主提供了选择特定家具包的可能。Lema总裁安吉洛·梅罗尼（Angelo Meroni）表示："The Makers楼盘使用的家居系列之所以特别，原因在于我们的家居部（Casa）和合同定制部（Contract）首次在伦敦合作创建了一个完整的生活方式项目。"

巴黎 | PARTICULIER VILLEROY 酒店
PROMEMORIA家具

Particulier Villeroy酒店位于20世纪初的一栋建筑内，是一家真正的私人宅邸（maison privée），2014年被列入遗产名录。该酒店一共三层，修复时没有破坏大中庭。两个公寓、五间套房和四间客房都位于中庭内部，由此还可以到达共享空间、Trente-Trois餐厅和Jean Goujon酒吧。酒店采用的家具品牌是意大利Promemoria，包括公司老板罗密欧·索齐（Romeo Sozzi）和他的儿子戴维德（Davide）设计的系列产品，法国设计师布鲁诺·默因纳德（Bruno Moinard）和伦敦大卫·柯林斯建筑设计工作室（David Collins Studio）等设计的产品以及其他定制产品。精致的材料和不同的灰色色调让人感觉优雅舒适，房间比例拿捏得妙到毫巅。

图片 © 版权归吉莱斯·达利耶 (Gilles Dalliere)、亚历克克西斯·纳罗德茨基 (Alexis Narodetzky)、理查德·阿尔科克 (Richard Alcock)

阿尔贝诺亚，葡萄牙 | 葡萄牙HERDADE DA MALHADINHA NOVA CASA ANCORADOUROC AGAPE卫浴

这是葡萄牙南部某一大型酒厂建筑群住宅区，4栋公寓由葡萄牙设计师乔安娜·拉波索（Joana Raposo）进行内部设计。设计选择地中海风格，对光线的充分运用使用主色调呈现出纯白色和砖红色。Agape卫浴的白色Neb和Fez系列与卧室的色彩搭配和谐自然。由贝纳蒂尼联合公司（Benedini Associati）设计的Neb浴缸和洗脸台以及Fez水龙头简约别致，为室内带来了清凉的气息。

马德里加尔之家（CASA MADRIGAL）
西班牙瓦伦西亚社区 | TALENTI户外家具

马德里加尔之家是西班牙拉蒙·埃斯特夫（Ramón Esteve）建筑师事务所的一个住宅项目，一系列的轻质体量和定义空间的两个水平平台之间的天井引人注目。被石墙围起来的房子似乎是盒子游戏，形成亲密空间。西班牙设计师设计的Talenti Casilda和Cottage系列线条清晰、简单。前者配合着行军床、沙发和餐椅，体现了极简主义的特质，而后者充满了乡村气息。这些高靠背座椅使用了铝带或合成带等当代材料以及绳索等其他传统材料，匀称舒适。

图片 © Mariela Apollonio

意大利奥焦诺（OGGIONO）| BIANCA RELAIS酒店
里弗莱西（RIFLESSI）家具

设计师朱塞佩·曼佐尼（Giuseppe Manzoni）和Domestic Landscape景观公司负责Bianca Relais酒店的改扩建，这家五星级精品酒店俯瞰安诺内湖（Lake Annone），距离科莫只有几分钟的路程。酒店具有温馨热情的良好氛围，很有现代感，特色十足。配备的家具来自于公司位于意大利阿布鲁佐大区（Abruzzo）的里弗莱西系列家具品牌。套房和Bianca sul Lago餐厅配有带石墨腿和气泡布的卡门椅（Carmen）。餐厅中的座椅还采用绗缝的Econabuk技术装饰，舒适又温馨。餐厅咖啡厅中配备60多把索菲亚（Sofia)餐椅，扶手装饰同样采用了Econabuk技术。里弗莱西座椅的设计优雅，采用公司开发的专利创新模具制成的膨胀聚氨酯结构为客人带来非凡的舒适性。

意大利科森扎省SAN GIOVANNI IN FIORE
HYLE餐厅 | LAPITEC建材

这是隐藏在La Sila山脉森林中的一颗宝石。在这里，游客可以体验到典型的地方风味。这家位于意大利科森扎省San Giovanni in Fiore的新餐厅名为Hyle，主厨是安东尼奥·比亚福拉（Antonio Biafora）。设计师弗朗西斯卡·阿瑞吉（Francesca Arrighi）和工程师朱塞佩·皮奥·马泽伊（Giuseppe Pio Mazzei）在当代氛围中诠释了大自然的粗犷和野性。木质地板和家具，高性能烧结石材表面，无孔、耐污渍、耐刮擦而且适合与食物和高温接触的Lapitec石材，为这座精致的美食殿堂赋予了暖意。客人在就餐区可以见到使用纯黑系列Lapitec石材的厨房工作台和大型中央橱柜等区域，光泽照人，个性十足。

图片 © 罗伯托·伊恩内洛（Roberto Lannello）

SPHERIENS律师事务所 | 佛罗伦萨
DE PADOVA及MA/U STUDIO全套家居

Spheriens律师事务所的总部位于佛罗伦萨市中心最具活力区域的一座历史建筑的三楼和四楼。这家开展国际业务的律师事务所拥有850平方米的空间，以全球性的视野不断寻求创新的解决方案。曼努埃拉·德马尔齐（Manuela De Marzi）建筑师事务所的设计旨在把过往和当前建立联系并在工作场所创造出家庭般友好的氛围，因此设计体现出严谨的布局、基本而现代的形式、精细的材料、自然采光以及空间和家具的质量。家具采用了De Padova系列桌椅，以及Ma/u Studio品牌系列，把办公区域打造得动态而又不因循守旧。

图片 © 菲利波·班贝吉（Filippo Bamberghi）

苏黎世 | 伊甸湖畔酒店（LA RÉSERVE EDEN AU LAC）| TUBES散热器

伊甸湖畔酒店是一座让入住客人引以为豪的宁静的湖边建筑，可以追溯到110年前的历史让人遐思。在塑造精品理念的推动下，依据业主米歇尔·瑞比埃（Michel Reybier）的愿景，法国著名设计师菲利普·斯达克（Philippe Starck）对酒店进行了重新设计，现以五星级酒店面面诸于世。客人仿佛置身于某一游艇俱乐部的中心一样体验优雅和永恒。菲利普·斯达克认为，设计不需要大刀阔斧，但也并非实施极简主义，最重要的是发掘探索这个地方的结构灵魂和原始诗意，释放光线并最大限度地增加建筑体积。酒店坐拥城市中心和临近湖滨的优越位置，无论是置身于两个酒吧和餐厅，还是入住40个房间和套房中，客人均可安心享受壮观的城市美景和湖泊景观。所有客房均配有定制版的Tubes Elements系列Soho散热器。

图片 © courtesy of La Réserve Eden au Lac - Starck Network - Grégoire Gardette

安卡拉 | VANTAGE酒店公寓 | ARAN CUCINE橱柜

矗立在土耳其安卡拉市上空的Vantage酒店公寓项目是当地建筑师团队设计的作品。该大型住宅区位于安卡拉视野最为开阔的区域之一，由两个街区组成，绿色生态，别墅风范，有屋顶花园和娱乐区、室内游泳池、林间小道和自行车道等专属服务设施。公寓体量庞大，每层最多两个单元，顶层为阁楼和复式住宅。350间浴室、70个壁橱、70个衣柜间和280个带滑动门的衣柜使用的是ARAN Bathroom Collection浴室系列和ARAN Night Collection系列。ARAN Cucine橱柜米娅（Mia）系列是70个明档厨房的标准配置，都市感强，功能性广。70个主厨房则是沃拉雷（Volare）橱柜，大容量、中岛式，卡纳莱托（canaletto）胡桃木饰面、奶油色亮漆和大理石材把厨房映衬得光彩夺目。

ifdm.design

#RedesignDigital

设计灵感
Design Inspirations

HECO系列 | 日本NENDO工作室 | 意大利FLOS

"Heco系列由一个超薄框架和一个发光球体组合而成，共有室内边桌和当作靠墙的落地灯两种配置。框架的'柔软'形状使整体呈现出极富个性的独特视觉效果，仿佛眼睛可以捕捉到光本身的重量。" Nendo 工作室

DOVE躺椅 | 荷兰设计师马塞尔·万德斯（MARCEL WANDERS）意大利NATUZZI家具

Dove躺椅轻盈动感，酷似飞翔的鸽子，靠背可调整为两种坐姿。不同长度的靠背赋予其不对称的美感，其中一个靠背顶部有木制托盘，非常实用。聚氨酯材料和抛光金属旋转底座，舒适简洁。

COMPASS 55 | 意大利鲁阿迪（LUALDI）门业

可与大型无音舞台幕布相提并论的Compass 55系列旋转门可整合到建筑结构中，从而在不同区域实现轻松流畅的交流。该门隶属Rasomuro 55系列，木质门板厚达55厘米，并配有电磁锁、锁销和防噪音垫圈。该系列有亮光漆或不透明漆无气味木门和金属门两种。

DELINEA厨房 | 意大利设计师维尤斯（VUESSE） | 意大利斯卡沃里尼(SCAVOLINI)橱柜

由维尤斯设计的斯卡沃里尼DeLinea厨房美观精致，功能强大。该版本是生活方式概念的代言，细节完美，卓尔不群。和谐诱人的轮廓，时尚的材料，80厘米高的基础单位和7厘米高度底座，实现真正的模块化。方便用户的设计与独特的风格让用户难以割舍。

ORIENTE ITALIANO系列 | 意大利RICHARD GINORI 1735

Oriente Italiano系列是最受佛罗伦萨宅邸欢迎的产品。该系列兼收并蓄，把当代mise en place美味起点装扮成艺术餐桌（art de la table）。喷绘图案和色彩在不同餐具和花瓶、桌灯、粉扑盒和硬币托盘等物品上装点出美妙的图案，把异国情调与意大利风情巧妙地融合在一起。

MILANO COLLECTION系列 | 意大利SBGA BLENGINI GHIRARDELLI建筑师事务所 | 意大利TURRI

该系列包括扶手椅、沙发、桌椅、橱柜、床、边桌、衣柜和写字台，柔和弧形线条的利落设计，体现出工艺的精良与流行的工业风，现代而奢华。每个元素都可以成对组合。"总体设计强调轻盈利落的感觉。每个元素之间在视觉上都是相连的。通过不锈钢材、鞣制皮革、玻璃及磨砂金属等精选材质，使其愈显雍容典雅。高光处理的材质表面创建出明亮的当代风格，而薄橡木片的使用也增加了灵活性和亮度。"

GOGAN沙发 | 西班牙设计师派翠西亚·乌古拉（PATRICIA URQUIOLA）| 意大利MOROSO

Gogan沙发的名字和灵感源于大自然，也是源自日本的石头，这些石头在时光和流水的双重作用下变得光滑细腻并被用来保护和美化河湖两岸。柔软而不规则的座椅，重心略向后倾斜。这不仅使沙发更加舒适，而且不需要高靠背，整体自然完美。

FLOW椅 | 荷兰设计师哈里·保罗（HARRY PAUL）| 意大利LIVING DIVANI

Flow椅具有涂青铜色漆面钢材的超轻结构，优雅的皮革或编织面料包裹着身体，极具舒适性。

绅士系列（GENTLEMAN）| 荷兰设计师马塞尔·万德斯（MARCEL WANDERS）| 意大利波利弗姆（POLIFORM）家具

马塞尔·万德斯设计的绅士系列不仅适用于家居环境，而且适合任何需要休息的空间。设计与生活方式的交融把热情和好客进行了完美的表达。

MOKA椅 | 意大利设计师马里奥·艾斯纳戈（MARIO ASNAGO）和克劳迪奥·文德尔（CLAUDIO VENDER）| 意大利福拉斯弗姆（FLEXFORM）

由马里奥·艾斯纳戈和克劳迪奥·文德尔两位设计师设计的Moka椅诞生于1939年，作为意大利理想主义风格的翘楚，Moka椅自1985年以来一直在福拉斯弗姆系列中占据一席之地。虽然年代久远，Moka椅仍然彰显简约的现代感，应用场景丰富。细长、优雅的金属管结构和黑色、白色以及铝色三种色彩漆面，干练成熟。椅背采用X形设计，优雅细致，由植物纤维或牛皮制成的编织座椅，经典卓越。

OH, IT RAINS!户外家具 | 法国设计师菲利普·斯塔克（PHILIPPE STARCK）| 意大利B&B ITALIA

Oh, it rains! 系列宽大的靠背可以给用户提供亲密的保护空间，让人印象深刻。优雅的线条，舒适的靠垫，契合人体工程学的大靠背，无可挑剔。下雨之时，使用者只需快速把沙发折叠起来，就可以避免雨天对家具的损害，简单便捷，功能强大。

IL PAVONE TRONO胶囊系列扶手椅 | 美国设计师马克·安吉（MARC ANGE）| 意大利VISIONNAIRE家具

Visionnaire的胶囊系列Il Pavone Trono由马克·安吉设计，灵感来自印度孔雀。作为代言奢华的孔雀，雄伟美丽，不用担心生存，勿需隐藏防护，也不需逃跑奔袭。它只需时间和精力，尽情展示唯美风格。

MOLO沙发 | 意大利设计师鲁道夫·多多尼（RODOLFO DORDONI）西班牙KETTAL户外家具

Molo沙发属于最纯粹的模块化沙发，每个单独模块都可以拆分和重组，并根据不同的用途和空间进行新配置。基于矩形进行模块化设计的正交直线造型以及特别加大的尺寸，向世人呈现出极简主义美学的特质。不同织物、颜色和细节的完美组合让人瞩目。

BRAC项目 | 法国设计师娜塔莉·杜·帕斯奎尔（NATHALIE DU PASQUIER） | 意大利MUTINA陶瓷

BRAC是自BRIC自然演变而成的设计元素，是由娜塔莉·杜·帕斯奎尔为MUT-Mutina For Art展览空间专门开发的艺术项目。艺术家设计出垂直或水平排列的模块，在任何环境中都会衍生出意想不到的光影效果。BRAC系列有5种色调，分别是天然亚光表面黏土色、白色、偏灰的草绿色、棕色和明亮的釉面黑色。

DISCOVERY VERTICAL顶灯 | 意大利设计师埃内斯托·吉斯蒙迪（ERNESTO GISMONDI） | 意大利雅特明特（ARTEMIDE）灯饰

Discovery顶灯具有不易为人感知的非物质特点，似乎完全不存在。中心发射面的光线在点亮时涌出，均匀细腻，非常适合工作环境。

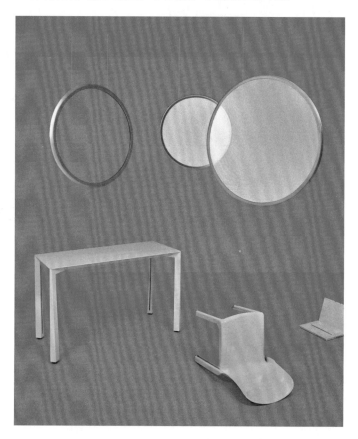

BUREAURAMA系列 | 德国设计师耶日·西摩（JERSZY SEYMOUR）意大利马吉斯（MAGIS）家具

灵活的桌凳和书架组合解决方案非常适合动态工作空间。产品使用可回收铝焊接，四种喷涂饰面，色彩生动。黑白喷漆表面桌子和书架，荧光橙、黄色、蓝色、灰色和黑白喷漆凳，轻盈明快。阻燃桌凳同样适合户外使用。

FORZIERE ROSSO珠宝柜 | 意大利AGRESTI

Forziere Rosso珠宝柜使用红色抛光石楠木，内部保险箱部分同样呈红色。配有黄铜镀24k金附件，并带伸缩项链架。

ELASTICA灯带
意大利DESIGN HABIT(S)设计
意大利MARTINELLI灯饰

Elastica会给用户带来灯光游戏的感觉。LED条可以在一侧传播光，而在另一侧会改变颜色，突出空间。上下滑动触摸红、黄、灰、黑或蓝色弹性织物条可以开关灯光或进行调暗。灯带可以适应不同的高度，一端用调节长度的带子固定在天花板支架上，另一端固定在圆柱形移动底座上，用同样颜色涂层的金属保持平衡和适当的张力。

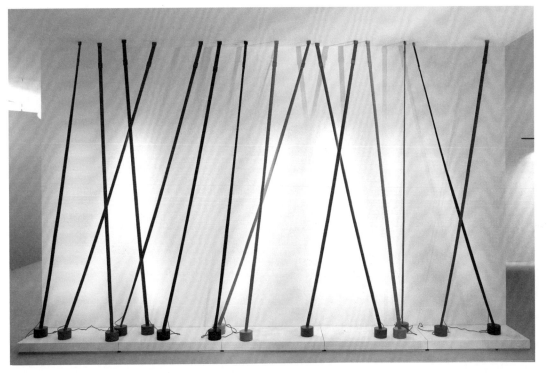

WAFFLE热水散热器 | 意大利设计师皮埃尔·里梭尼（PIERO LISSONI）| 意大利ANTRAX IT散热器

WAFFLE热水散热器是意大利品牌Antrax IT与设计师皮埃尔·里梭尼合作打造的一款产品，温暖质感，现代创意，新颖迷人。该款式散热器将功能和应用完美结合，暖意融融、形态迷人，让用户备感幸福、舒适。

OTTO庭院灯 | 费德里卡·法里纳（FEDERICA FARINA）意大利OLUCE灯饰

OTTO庭院灯形态细腻迷人。薄圆盘底座支撑着圆柱形杆，杆上的可调节半球灯罩装有LED灯。灯头可以倾斜，因而光带范围可大可小，用途广泛。

CLIFFDÉCO系列沙发 | 意大利设计师卢多维卡和罗伯托·帕隆巴（LUDOVICA+ROBERTO PALOMBA）夫妇 | 意大利TALENTI 户外家具

广泛的Cliff系列添丁增口，在进行深入研究后，CliffDéco系列盛装登场。超越时空的沙发，优雅而现代。豪华诱人的坐垫、精美的色彩、手工编织靠背和扶手，让人流连不舍。可多样组合是CliffDéco系列的显著特点。模块化结构、绝对自由的排列、无限可能的组合，魅力四射。

当代墙纸系列2020 | 意大利WALL&DECÒ创意壁纸

《当代墙纸系列2020》阐释了三位摄影师的三种叙事剪辑和三种不同风格。灵性的时尚潮流，丰富的创新色彩和材料纹理让人目不暇接。超越国界（Beyond Borders）是将自己的身份封闭在不断移动迁徙的现代游牧大篷车里；物质自由（Materic Freedom）却将一个来自观察和无限变化的多重现实冻结。乌托邦（Utopia）讲述一辆太阳能摩托车和沙漠的故事，色调尽显沙漠调性，流畅绝妙。

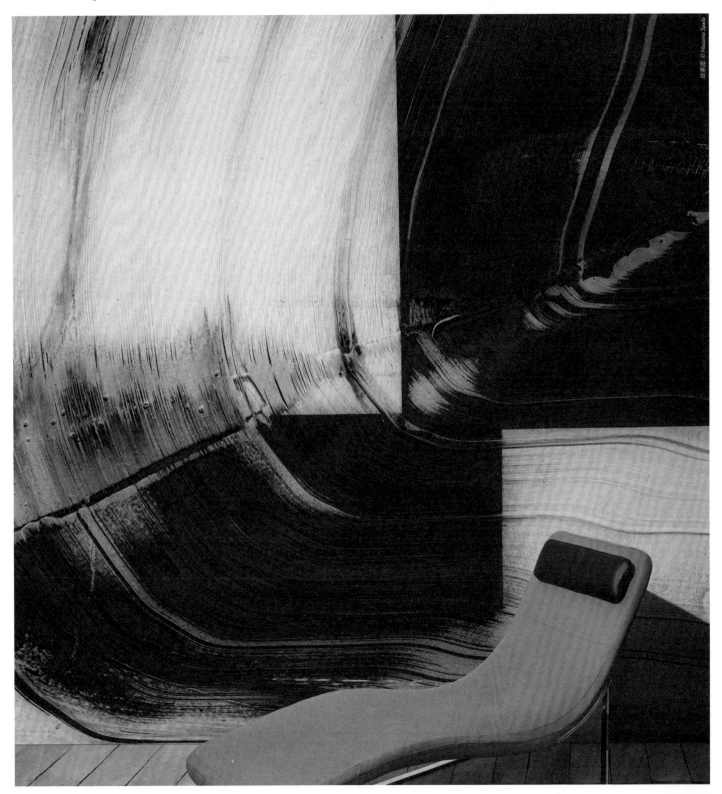

效果图：© Massimo Spada

OTIS沙发 | 意大利DAINELLI STUDIO | 意大利FRAG

莱昂纳多·戴内利（Leonardo Dainelli）设计的Otis系列由沙发、躺椅和角件或半岛形模块化元素组成，古朴典雅。精确的细节和比例，又赋予其现代风范。靠背和扶手的包络设计独特实用；宽敞的坐垫和优雅的锤子扶手，比例平衡；舒适的软垫和丰富的填充物，特色突出。四个圆管状金属脚通过薄金属板固定在结构上，怪诞而冷静。

COUPÉ床 | 丹麦GAMFRATESI设计工作室 | 意大利POLTRONA FRAU

顾名思义，Coupé床是在向豪华经典跑车的优雅风格致敬。干净清晰的空气动力学线条，柔软的手工Pelle Frau®皮革装潢，勾勒出专为两人世界设计的亲密舒适空间。床头板和床架呈现两种不同的几何形式，个性十足，但平衡和力量的巧妙结合同时提升了整体的流畅性和紧凑感。

ELEVEN 系列 | 英国皮尔逊·劳埃德（PEARSONLLOYD）建筑师事务所 | 意大利ALIAS 家具

Eleven系列包括简约时尚的两座和三座沙发以及高靠背扶手椅。侧面以及后部固定在铝腿上的面板可以很好地保护隐私，因而成为工作或公共空间的理想选择。

STRONG系列 | 西班牙设计师尤金.吉列特（EUGENI QUITLLET）意大利DESALTO家具

Strong系列家具轻轻地隔开空虚与诗歌的意象……它的弧度和曲线可以创造梦想。Strong系列可以用来书写新的故事……不多不少，恰如其分。

TRIEDRI系列 | 意大利玻璃艺术品牌维尼尼（VENINI）

玻璃艺术品牌维尼尼点亮了米兰多莫（Duomo）新的Carlo&Camilla餐厅的"地下"氛围。壮观的定制吊灯、壁灯和天花板灯活跃了黑暗的环境，彰显出非凡的建筑品质，重新诠释了1958年至1960年间Triedri系列艺术玻璃设计。

IFDM
室内家具设计

业内信息 Business Concierge

这里是我们为建筑工作室、室内设计师、工程承包商、家具设计师、买家、生产商等提供的一项创新服务。

凭借在酒店室内装饰装修领域的多年经验，我们与全球业内人士建立了广泛的联系，占领了战略性的市场地位。面向渴望涉足这个领域，希望获取更多合作机会的专业人士，我们将为您提供最珍贵的业内信息。

我们提供的服务包括：目标市场识别、咨询、会议组织、B2B提案（企业对企业的电子商务），我们的目的是为各方实现商业互利的目标。

concierge@ifdm.it | ph. +39 0362 551455

ifdm.design

即将推出项目
Next

中国义乌 | 义乌大剧院 | MAD工作室

MAD工作室设计的中国义乌大剧院恰似一叶充满禅意的小舟漂浮在河面上。正在建设中的义乌大剧院位于东阳江南岸，包括1600座的大剧场、1200座的中剧场和可容纳2000人的国际会议中心。远观剧院，结构似帆，让人联想起曾在海上运送货物的中国帆船；近赏剧院，入目皆檐，呼应了江南的片瓦式建筑形态，折射出这片吴越之地的风物之美。透明的玻璃层似薄丝般丝滑，创造出似在风中摇曳的动态节奏感。绿色建筑理念随处可见。半透明的玻璃幕墙通风系统加强了气流的流通，不仅具有遮阳的作用，同时也优化了室内公共空间的自然光，在冬季形成日光温室效应，在夏季则发挥通风的作用。

冰岛雷克雅未克（REYKJAVIK）| LIVING LANDSCAPE | 雅各布+麦克法兰（JAKOB + MACFARLANE）建筑师事务所

雷克雅未克Living Landscape是一座多功能建筑，最低限量的碳足迹对环境具有积极的影响。这是法国巴黎著名的雅各布+麦克法兰（Jakob + MacFarlane）建筑事务所的设计产品。该事务所在C40城市气候领导联盟发起的全球性"重塑城市"（Reinventing Cities）项目中脱颖而出，获得该地的设计权。Living Space可谓地方生态系统的样本，拥有本土植被、原生巨石、模仿附近湿地的地形、受平流层火山观测现象启发的雨水管理系统等。这一切为项目本身、项目所处的城市和整个地球创造出一处引人注目的焦点。该项目的目标是将雷克雅未克市向东扩展，建立一个以生物生态系统为基础可以引领未来发展的景观类型。该建筑的功能丰富，可以胜任商业空间、餐厅、幼儿园、办公室、公寓等功能，而屋顶的一条环形通道连接五个共享温室，可以满足健身室或茶室等各种类型的休闲功能。

比利时布鲁塞尔 | BPI 地产公司（BPI REAL ESTATE）、房地产科技服务供应商IMMOBEL 亨宁·拉森建筑师事务所（HENNING LARSEN ARCHITECTS）、 A2RC建筑师事务所

2021年初，BPI地产公司和Immobel将着手改造布鲁塞尔运河旁的原工业用地。Key West将成为可以把生活、工作和休闲进行无缝连接的多元项目。500多套不同规模的公寓、办公室、日托中心、带超市的零售场所、咖啡馆和餐厅将有助于Crickx公园和Kuregem附近运河沿线的社区振兴。亨宁·拉森建筑师事务所和A2RC的国际建筑师团队从最广泛的角度研究了Key West的可持续性。整个社区不仅受益于可持续能源，感受到高效流动，而且还可在水边的公共游憩区流连忘返，在居民的私人花园欣赏徜徉。所有露台均为西南朝向，可俯瞰运河，其中一栋建筑的屋顶将建成为面积达1200平方米的城市农场。

卡塔尔多哈 | *ORYX TOWER* 卡塔尔航空大厦
马特奥·涅阿缇（**MATTEO NUNZIATI**）工作室

正在卡塔尔多哈拔地而起的Oryx Tower属于豪华住宅楼，30层高，由意大利马特奥·涅阿缇工作室担当艺术总监并与当地的阿拉伯工程局（AEB）共同策划设计，以实现所有内部装饰的协调统一。这座将于明年落成的摩天公寓大楼将拥有168个单元，面积从150平方米到200平方米不等，大堂、门房、餐厅、水疗中心、游泳池、游戏室和健身区等公共区域应有尽有。Oryx Tower归卡塔尔航空公司所有：入口大厅尽显气流和飞行的轻盈，天花板上悬挂着的三个装饰性吊灯看似片片光云。室内设计优雅，超越时空，色彩以微妙的米色为主，有时也会跳跃到蓝色和紫红色，而选用的材质主要是木材、意大利卡拉卡塔（calacatta）和卡拉拉大理石（Carrara marble）等天然珍贵材料。

英国伦敦 | 帕丁顿广场
（PADDINGTON SQUARE）
伦佐·皮亚诺（RENZO PIANO）工作室

伦佐·皮亚诺工作室设计的帕丁顿广场将
是帕丁顿地区改造的中心环节，计划在
2021年由大西部开发有限公司（Great
Western Developments Ltd）和Sellar
公司共同开发。该项目包括通往帕丁顿车
站道路的重新规划，以及伦敦地铁贝克卢
线（Bakerloo Line）新大厅的建设。规
划设计还包括横跨14层光线充足楼层的36
万平方英尺的办公空间，4层包括策展型
新零售的78,000平方英尺的零售空间，还
将进行1.35英亩的综合公共领域改造，并
将建成西伦敦区最高的可以欣赏整个城市
天际线的屋顶餐饮。该规划还将实现伦敦
街的步行化，使主线车站和帕丁顿广场之
间形成直接的行人通道，加上规划的贝克
卢线入口，将消除困扰该地区多年的交通
拥堵状况。

巴西圣保罗| HERITAGE | 宾尼法利纳（PININFARINA）建筑师事务所 | CYRELA地产

巴西Cyrela地产公司总部位于圣保罗，并在巴西证券期货交易所（BM&F Bovespa）上市，而Heritage是该公司和宾尼法利纳建筑师事务所联袂开发的新项目。这座位于伊塔姆比比区（Itaim Bibi）Leopoldo Couto Magalhaes Junior街的新作品旨在成为城市地标。设计为32层的宏伟建筑将包括31间吸人眼球的大型公寓，每层一套，带大露台，面积自570至700平方米不等。该建筑群将提供私人停车场、室内和室外游泳池、儿童游泳池、游乐场、网球场、休息室、酒吧、带室外露台的舞厅、尖端健身房和水疗中心等。

效果图：© Neorama 工作室

顶级酒店：投资增长，增幅放缓

中国确立了其拥有新酒店数量最多的国家的地位。虽然受新冠肺炎的影响，增长速度放缓，但投资趋势并未改变。中国酒店项目投资在持续增长。目前已有1261家高端酒店处于规划建设或筹备开业阶段。这和上一年度36%的增长率相比，趋势有所放缓，但仍然意味着超过13%的增长率。在未来几个月，人们将更清楚地认识到始于2020年初新冠肺炎紧急事件的影响。即使对中国这样的新兴超级大国而言，同样会遭遇严重的影响。至少在中短期，这种影响会更加明显。但无论如何，到2021年底，中国仍将有679家顶级酒店开业。这些酒店项目仍然均匀地分布在中国的众多城市。其中，成都以60个项目的数量力压上海的52个，位居新增顶级酒店数量的榜首。除此二者外，还有十几个城市拥有30个左右的在建项目。其中，深圳共有30个项目，广州和西安各有27个项目。从省份上看，广东省共有139个项目，相对去年的117个，增长了22个。江苏省也从89个项目增长到94个项目，而四川省则从70个项目增长到91个项目。令人期待的澳门银河集团三期和四期项目各有1500间客房，将分别于2021年初和2022年初开业。中国香港的Regala Skycity Hotel酒店、广东湛江的吴川鼎龙湾凯悦酒店和位于河南云台BTG（北京首旅建国酒店管理公司）建国饭店也即将盛装开幕。中美两国继续锁定国际连锁酒店计划投资的中心地位。在中国设有总部的连锁店共计169家，其中包括世界前五大连锁酒店，它们的业务覆盖中国目前近85%的在建项目。独占鳌头的万豪国际在全球2645个在建项目中，在中国即已启动405个项目。中国也是雅高酒店的主要业务区域，该集团在中国拥有158个项目。

顶级连锁酒店

万豪国际集团
全球在建项目: 2645
中国在建项目: 405

希尔顿国际酒店集团
全球在建项目: 1967
中国在建项目: 199

洲际酒店集团
全球在建项目: 1120
中国在建项目: 172

雅高酒店集团
全球在建项目: 1105
中国在建项目: 158

凯悦酒店集团
全球在建项目: 682
中国在建项目: 682

信息来源:
TopHotelProjects.com

正在进行的顶级酒店建筑项目

NEW
1261
IN
CHINA

项目阶段	项目数量前10城市	项目数量前10省份
远景项目数量 7	成都 60	广东 139
预规划项目数量 79	上海 52	江苏 94
规划中项目数量 302	杭州 36	浙江 92
在建项目数量 803	三亚 31	四川 91
筹备开业项目数量 41	深圳 30	海南 61
已开业项目数量 29	武汉 30	云南 52
	北京 29	山东 50
即将开业数量	广州 27	河南 43
	西安 27	福建 42
2020-2021年 679	重庆 25	台湾 38

中国的顶级项目

澳门银河4期项目	澳门银河3期	Regala Skycity Hotel酒店	吴川鼎龙湾凯悦酒店	河南云台BTG建国饭店
澳门	澳门	香港	广东湛江	河南
项目阶段: **在建**	项目阶段: **在建**	项目阶段: **在建**	项目阶段: **预规划**	项目阶段: **规划中**
客房数量: 1500	客房数量: 1500	客房数量: 1229	客房数量: 1000	客房数量: 1000
开业日期: **2022年第2季度**	开业日期: **2021年第2季度**	开业日期: **2021年第2季度**	开业日期: **2023年**	开业日期: **未知**